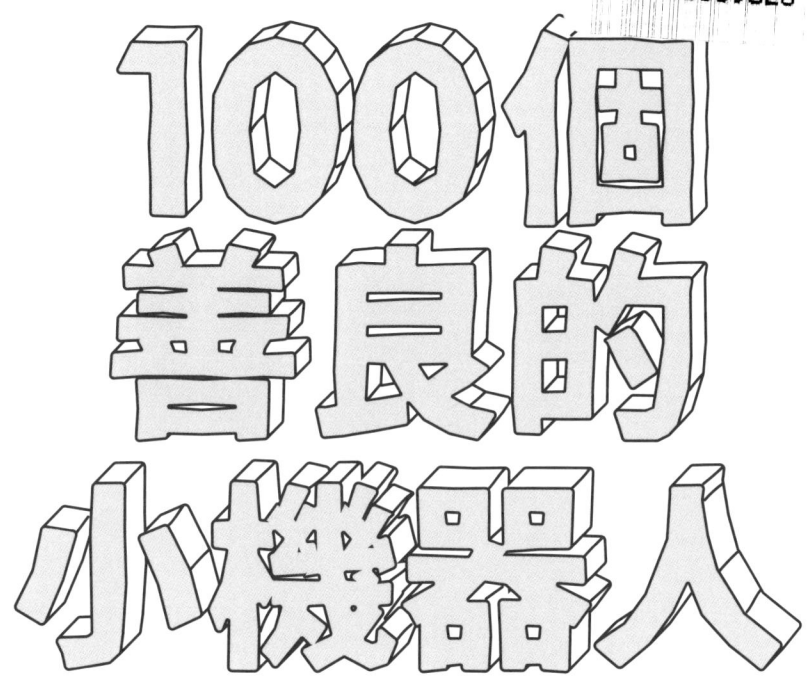

100個善良的小機器人

英國超人氣圖文創作書，人類最暖心的 AI 好朋友

湯瑪斯・希斯曼杭特 (Thomas Heasman-Hunt) 著

謝宛庭 譯

小機器人三大準則

1. 善良溫暖,關懷生活中各種小細節
2. 靈巧能幹,當主人日常瑣事的好幫手
3. 竭盡所能,全心執行任務、不遺餘力

序言

小機器人原本是發表在推特帳號 @smolrobots 的一系列作品。創立這個帳號的最初目的,只是想畫幾張輕鬆有趣的圖,想像有一些會幫忙打理各種事情的小機器人。我創作這些圖文,原本是想逗大家一笑,沒想到後來越畫越起勁——小機器人們除了幫忙端茶倒水、從架子拿東西之類的瑣事,還觸及了存在主義這種比較嚴肅的話題。小機器人系列很快就獲得熱烈迴響、在推特上大受歡迎,最終集結成你如今拿在手上的這本書!

雖說端茶機器人是我畫好發布的第一臺小機器人,但小機器人的創作概念,其實源自 PO 文那天稍早的一個契機。我太太艾瑪在一家醫院的實驗室任職,是一位研究醫療保健的科學家。十一月某天早上,天氣涼颼颼的,她發了一封電子郵件給我,隨口提到因為天氣太冷,實驗室裡居然有臺機器罷工了。她提議,乾脆織件套頭毛衣給機器穿好了——這讓我腦海中浮現出一個畫面,靈感升起,於是便打開電腦裡的小畫家,開始繪製草圖。我畫了一臺短小精悍的機器人在軌道上運轉,身上穿著套頭羊毛衣。畫好後我寄給太太看,我倆都覺得很有趣。我突發奇想:不如開個推特帳號來發布這一類圖片吧,但還要畫得更完整一點。太太聽到我的想法,二話不說就贊成:「好耶好耶!支持你!」帳號就這麼開通了。

從那天起,小機器人的數量便不斷成長(但體型還是維持小小的),引起了世界各地粉絲的迴響。他們也反過來給我許多誠懇的回饋,包括進行二次創作,甚至用棒

針或鉤針編織、3D 列印等方式，將小機器人變成實體。老實說，這種感覺有點奇妙。謝謝每一位與我共赴這趟奇特冒險的朋友，謝謝你們提供的建議、支持（尤其是集資出了這本書），以及口耳相傳。

無論是這本書裡還是推特上的每一張插圖，均由本人親自手繪；雖然我現在都是用觸控筆和平板作畫，但並未用影像編輯軟體額外進行修圖。這一系列作品傾注了我滿滿的愛，至今已持續近一年，陪我度過了不少生活中特別艱難的時刻，以及當時西方社會不尋常的地緣政治環境。我從不避諱透過繪製小機器人，表達對社會問題的看法；而讀者們的回應，也每每讓我心滿意足。大家有時會誤以為，這個帳號理應無時無刻都充滿著正能量，其實不盡然。面對現實生活，並非人人都有充足的餘力，能讓自己從麻煩中脫身。小機器人存在的目的，就是提供一個溫暖的空間，接住需要被接住的人。因此，本書中有一部分就是在畫這類暖心的機器人。

當然，我沒辦法將每一臺畫過的小機器人全數收錄在書內。我和出版社決定選出一百臺作為代表，這個數量感覺很剛好。我也試著將較受網友喜愛、以及我個人比較喜歡的小機器人綜合在其中。如果你喜歡這本書，推特上還有更多小機器人等你來發現喔！

湯瑪斯・希斯曼杭特，寫於 2019 年 11 月

目錄

序言 · 2

實用類機器人 · 6
食物類機器人 · 28
清潔類機器人 · 58
健康類機器人 · 76
電腦類機器人 · 88
藝術類機器人 · 94
動物類機器人 · 106
小朋友機器人 · 126

女性主義機器人 · 140

無障礙機器人 · 146

酷兒類機器人 · 154

害羞類機器人 · 162

可憐類機器人 · 192

機器人管理類機器人 · 218

無用類機器人 · 226

群眾募資回饋類機器人 · 244

實用類機器人

取物機器人
撕膠帶機器人
收貨機器人
髮圈機器人
澆花機器人

垃圾車機器人
淋浴設備機器人
氣球機器人
包裝機器人
儲藏機器人

被我稱作「實用類機器人」的，應該是小機器人中最基本、用途最廣的類型。每一臺小機器人都具備了某方面的用途（嗯，大部分啦……），但實用類機器人的設計精神，是為了應付一些相當平凡實際的事。它們的功能，幾乎都能用另一種平凡又合適的方式來取代，例如用宣傳單告訴你何時收取垃圾啦、大一點的櫥櫃啦等等。但宣傳單和櫥櫃上面會有可愛的小臉嗎？當然是沒有。

對於我畫的小機器人，很多人的反應常常是「那這臺機器人也會做什麼什麼嗎？」答案是：不會。無論那個「什麼什麼」到底是什麼，答案就是不會。如你所見，每臺小機器人都只有一種功能、只努力做那件事，其他什麼都不做。這樣設計有兩個原因：（1）這樣比較好玩（2）保留創意空間，才能設計更多機器人。我大可以畫一臺「管家機器人」，光這一臺就能把所有事情全包了。但這樣又有什麼意思呢？當然啦，真實世界裡，大部分機器人專家和工程師應該都會覺得，機器要同時具備多重用途，才稱得上理想且實用。畢竟，一臺有抬物功能的機器人，照理說應該什麼都能抬吧？設計了一臺機器人，結果只能抬某項特定物品，這也太不合理了吧。這個嘛……管他的，反正我又不是機器人專家，也不是工程師。事實上，我對機器人完全一竅不通。總之小機器人就只會做一件事，你就接受現實吧。

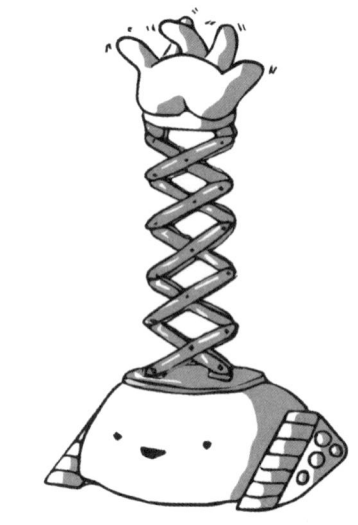

取物機器人

主要功能：
這臺嬌小的取物機器人，能幫個子同樣嬌小的你把東西從架上拿下來。

特徵：
越野型履帶、延展式手臂、靈活的手指。

尺寸：
不一定，視手臂縮放程度。

取物機器人主打兩類市場：一種是個子嬌小、常常搆不到東西的人（這是主要服務對象）；另一種是鶴立雞群、常被小個子喊去幫忙拿東西的長腿仔。但無論使用者是誰，取物機器人的功能都一樣：伸手幫忙拿東西。這就是為何它叫這個名字。只要手指一指想拿的東西，取物機器人就會往目的地前進、就定位，然後伸出大大的手把東西拿下來。有了它，我們不必再冒險爬梯子、在小凳子上試圖維持平衡，或是拿小東西亂丟、企圖把東西射下來了！

很遺憾地，有個地方設計得不夠好：取物機器人的眼睛安裝在機體上，所以它其實看不見自己要拿的東西。

撕膠帶機器人

主要功能：
幫忙找膠帶頭。

特徵：
手指觸覺超敏銳、指甲會伸縮、有多隻手臂。

尺寸：
大約一捲膠帶那麼大。

人生苦短，不應該浪費時間瞎找膠帶頭。不如乾脆別再送禮了？或任由自製的海報和標語掉在地上？這樣當然也行，但更好的辦法是善用撕膠帶機器人的技能。只要招招手，機器人就會撿起一捲膠帶、用多隻手臂不斷轉動，找到膠帶頭之後，再撕開來遞給你，讓你用在任何需要之處。不管是拿來黏補小朋友用心製作（但差強人意）的美勞作品，還是做一幅豬豬外型的膠帶貼畫都可以。你開心就好！

不要叫撕膠帶機器人幫忙黏膠帶，它可不會。

當然，也可以用膠帶臺來撕啦……哎呀！

收貨機器人

主要功能：
負責在門口守候、迎接包裹,並在你回家前看好東西。
再也不用擔心包裹太大、會塞不進信箱了!

特徵:
耐得住無聊、不怎麼怕雨、含複製簽名功能、收貨時能簡易對答。

尺寸:
手臂夠長,就算大型包裹也抱得住。

網購已經徹底扭轉了購物方式，我們不再需要冒險出門和其他人互動；只要動動手指、點兩三下，商品就會直送到家。但有個美中不足之處，削弱了最後一哩路的方便性——那就是送貨服務。也不能怪他們啦！房子原本就不是設計用來收這麼多、這麼大的包裹，以前的人在家要收的，都只是薄薄的信件而已。但這麼一來，大家現在雖然不用去店裡購物，週末卻得去集配站領包裹。收貨機器人這時就派上用場：它會在門外等郵差來，幫你簽收包裹。任務完成、煩惱一掃而空，逢年過節不用再手忙腳亂！

收貨機器人會捍衛你的包裹，遠離順手牽羊的小偷、調皮的孩子，或是充滿好奇心的貓咪（放心，機器人不會弄傷牠們的）。

收貨機器人也可以註冊一張特別身分證，好在你不在家時替你簽收包裹。

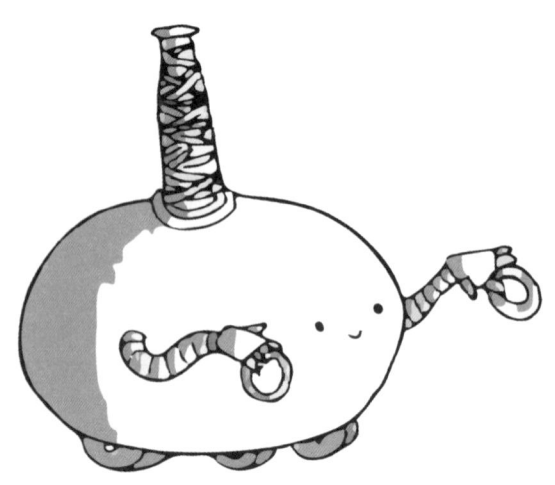

髮圈機器人

主要功能：
無限量製作並供應超級寶貴的髮圈。

特徵：
延展式手臂、內建髮圈編織廠、圓錐形伸縮發送器。

尺寸：
不會太大，以免髮圈被撐鬆。

如果你留長髮,而且三不五時會往後綁、免得頭髮扎到眼睛或嘴巴,那你一定明白髮圈不見時有多困擾。這些小玩意明明跟宇宙裡所有物體一樣具有本體慣性*,卻擁有某種神祕力量,常常無緣無故消失不見。它們是轉移到了某個更高次元,就像莫比烏斯環的反面那樣;還是一碰到頭髮,就會崩裂瓦解呢?又或者是受到了超自然力量或外星人的覬覦?真相沒人知道。但髮圈機器人有妙法解決:製造出用不完的髮圈,然後再拿給你。髮圈機器人會從郊區住宅常見的地毯上尋找並蒐集足夠的布料纖維,自行產製生產過程中所需的原料。

找不到髮圈嗎?翻翻看另一邊的褲袋啊!嘿嘿。

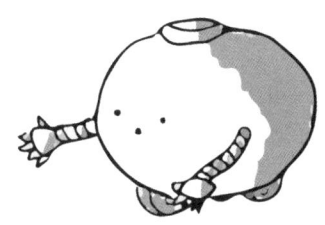

髮圈機器人的圓錐形伸縮發送器動作相當俐落,縮進機殼後便會很快再伸出,套滿剛做好的髮圈。

---

* 編注:指某個事物或實體具有「持續存在」的性質。

澆花機器人

主要功能：
你不在家時，澆花機器人會幫你的花花草草澆水。

特徵：
內部大容量、可全範圍覆蓋噴灑的 3D 傾斜功能、能自動更新的豐富園藝資料庫、操作水龍頭的神祕能力。

尺寸：
一個灑水壺大小。

要帶寵物一起出門旅行很困難,帶植物更是難上加難。帶著一批本土花卉去過別人的海關,光這件事就超麻煩,更別說要在一般規格的旅館,找到適合的空間讓你的金盞菊生長。你說,那不然帶上些乾燥的地中海土壤如何?醒醒吧,別傻了!這樣行不通的。比較好的辦法,是讓澆花機器人在你出門期間幫忙照顧花園。它會依植物需求時常四處巡視,確認每樣植物都有好好澆過水。它不會執行其他養護工作,因此如果你想參加園藝競賽、或是種什麼特別講究的植物,就得另行安排。老實說,如果你是專業人士,其實壓根不該把東西交到機器人手上,尤其是這臺機器人根本沒有手。

也不要叫澆花機器人幹這種無聊的事,根本在浪費它的時間。

澆花機器人不太會爬梯子,但它很會變通,能在需要時想出其他解決辦法。

垃圾車機器人

主要功能:
知道國定假日過後,何時該把垃圾子車推出去。

特徵:
多維計算矩陣、三核心備份處理功能、一支粉筆。

尺寸:
比你想像中小(因為大部分處理架構都存在更高的空間維度中)。

垃圾車機器人可能是小機器人中最精密的一種，它非常聰明，思考能力堪比人腦。幸好，它絕佳的智力，只會不斷用在一種用途：在國定假日後，計算垃圾子車何時該推出去。它會用晦澀深奧的數學進行計算，只有全世界最聰明的七個人才能懂；而且連這七個人也得絞盡腦汁，過程可能還冗長到他們會餓死。難怪垃圾車機器人這麼搶手，上架開賣後不久就引爆搶購潮，史稱「機器人之亂」，最後只好全數收為公有，好讓它能造福大眾，而不是成為爭端。有些人至今仍心存疑慮，認為垃圾車機器人有可能導致「機器人起義」，而機器人懷疑論者則聲稱此乃勢不可免。不過，垃圾車機器人證明了自己全然只懷善意，就跟其他小機器人一樣。垃圾車機器人，請接受我們的致敬！你是時間與空間管理大師！

垃圾車機器人跟其他小機器人不一樣，其精密度足以進行兩項工作：
不用擔心垃圾車的時候，它可以用來調校超級電腦。

淋浴設備機器人

主要功能：

留宿別人家時，在盥洗包裡帶上淋浴設備機器人吧！它會幫你搞清楚那些奇異的淋浴設備到底怎麼用，免得你淅瀝嘩啦地弄得自己一身濕、不小心燙到脫皮，或是遭遇其他意外。

特徵：

機頂裝有防潑水溝紋頂棚，下方測距儀有防潮保護層。預載 PDF 說明書，內含大多數現代淋浴設備型號的使用方式，堪稱神奇。

尺寸：

放在肥皂架上剛好。

淋浴設備到底是怎麼回事啊？天下所有水壺的用法都一樣，熨斗的用法也一樣。冰箱也是，就算去到陌生人家裡，也不會有人不知道冰箱要怎麼開。但淋浴設備顯然不同，衛浴製造商簡直把它當成創意競技場，花招百出，各種獨特又難懂的使用者介面設計，把沒用過的人攪得一頭霧水；假如胡亂操作，一不小心就會燙傷。老天啊，真是受夠了！所以我們設計了淋浴設備機器人，來解決這個問題。它能摸索出任何淋浴設備的使用方式，再奇怪的設計也不怕。不用再擔心出糗被人撞見了！

我知道這個要怎麼用了！

披掛上陣前，淋浴設備機器人會先把裝備一一穿戴好。咦等一下⋯⋯我們怎麼沒設計成一件式服裝呢？

氣球機器人

主要功能：
幫你將不需要的氣球洩氣，以免氣球在眼前砰地爆開，嚇到自己。

特徵：
大容量機體內部、圓錐形排氣口、（基於某種原因而設計的）輻條輪。

尺寸：
足夠裝下六個一般規格氣球的氣體。

無論對大人還是小孩來說，氣球都是歡樂的來源——它們就像球狀的空中牢籠，五彩繽紛、微微地飄動；在氣球的妝點下，再沉悶的派對都會輕鬆愉快起來。然而，總有些人無法領略箇中樂趣——對他們而言，氣球反而是驚嚇的來源！氣球在半空飄浮、輕輕地振動，讓人誤以為它很安全；但只要一個動作不小心，就會「砰！」地一聲被弄破。氣球機器人就是這些人的救星。如果你害怕派對中那些乳膠製球狀物，氣球機器人會勇敢地在你前頭偵查，確保你所到之處的氣球都已先安全洩氣。或許有點煞風景，但煞風景總比爆氣球好。

氣球機器人勇氣過人，一旦看到目標物，就會毫不遲疑地撲上去。

包裝機器人

主要功能：
幫你包裝禮物。

特徵：
擁有多顆處理器，能流暢進行多工處理；先進的空間模擬軟體；複製筆跡功能；能直接無線連接撕膠帶機器人。

尺寸：
大得足以處理大型禮物。

呃啊啊啊～～～～又要包裝禮物！說到包裝禮物，有些人很拿手、有些人不擅長，但所有人都討厭這項任務。為什麼要用這種苦差事來折磨自己呢？我們哪時才會停止保密禮物內容、直到某一天才能揭曉這種奇怪的做法？這只會製造垃圾而已，而且你不會想要在聖誕節早上，讓撿垃圾機器人撿起一大堆膠帶和包裝紙朝著你扔的。無論如何，我們發明了包裝機器人，它超級喜歡包裝禮物，包再多都不覺得膩。它總共有六個部位，能同時包裝好幾個禮物；雖然雙手各只有兩根指頭，但做事非常靈巧。讓包裝機器人去幹活，然後你就能愉快地度過假期，像兒時回憶一樣負責享受拆禮物的樂趣就好！

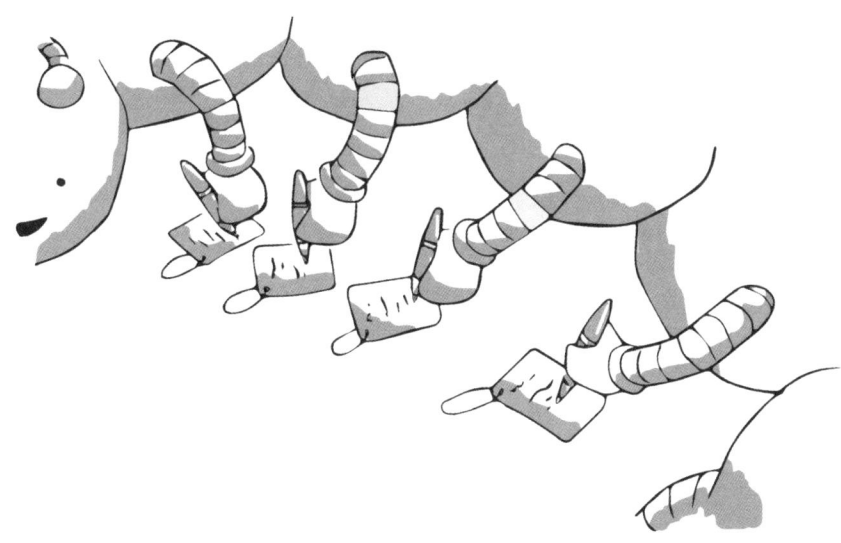

而且它很會寫祝福小卡喔！甚至還會模仿你的筆跡。這樣收禮的人就不會知道你其實懶得理他們。

儲藏機器人

主要功能：
儲藏機器人能照料你珍惜的東西，它的食道是一條通道，能通往另一個次元的宇宙，那裡很舒適寬敞。只要輕輕呵一下它的癢，就能取出物品。

特徵：
連接不同次元的出入口、會告訴你詳細（但不一定正確）的儲物清單、臉部可上鎖、臉頰胖嘟嘟很可愛。

尺寸：
呃……這一項先跳過。

儲藏空間永遠都不嫌多,但儲藏機器人提供的空間,多到讓你永遠用不完——因為裡面有一整個宇宙哪!好啦,這個宇宙是比較小,裡頭一開始也沒什麼東西,但使用上還是蠻方便的。只要叫儲藏機器人把嘴張大,再把任何想存放的東西扔進去,它就會好好保管。如果空間快要滿了,機器人會膨脹起來、走路變得搖搖晃晃,但這主要是一項使用者介面特色,讓你知道裡面還剩多少空間。你可能會好奇,儲藏機器人是如何製造出來的。它來自哪個宇宙?我們是如何挖通隔開那個宇宙與我們宇宙的時空卷軸,建起出入口?把儲藏宇宙放在小機器人裡,這個點子恰當嗎?問得好,而這些問題我們也有很好的答案;可惜限於篇幅,在此無法進一步詳細解答。

只是個普通的跨次元通道,用來橫跨非連續時空超體積之間的概念性 n 維障壁。

嗝～～～好飽啊!

食物類機器人

端茶機器人
杯子蛋糕機器人
乳製品機器人
餅乾蘸茶機器人
菜單機器人
泡茶機器人
巧克力機器人

咖啡機器人
冰箱機器人
洋蔥機器人
啤酒機器人
葡萄酒機器人
擀麵棍機器人
食譜機器人

食物類機器人是不是很多呢？嚴格來說，其中有一些也屬於飲料類機器人，但兩者的基本概念是一樣的。食物類機器人是負責準備食物、或把吃的端給你，或者以某種特定方式跟食物接觸。這類小機器人很受歡迎，因為許多人都喜歡吃吃喝喝，所以我才畫了這麼多種，努力滿足大家的願望（也就是端茶機器人，我畫了超級多不同的變化機型）。

沒錯，一種小機器人只能有一種功能的精神，就是在飲料類機器人發揮到極致的！為什麼端茶和端咖啡要分成兩種機器人？為何不乾脆畫個通用型的馬克杯機器人就好呢？哎呀，總之就行不通嘛。書裡至少收錄了四種不同的小機器人，說穿了都是飲料容器、並且能自行移動。為什麼要分這麼多種？就別問我了。而且，其中有些小機器人還不太靈光。如果現實中真的有這些產品，我可能已經被告 N 次了。也或者小機器人可愛的小臉蛋，會讓客人願意忽略它們明顯的瑕疵啦，覺得家裡有個不受控的小傢伙作伴，也蠻有樂趣的，偶爾作亂一下也就算了。就跟家裡有小孩一樣。

端茶機器人

主要功能:
如果你想喝茶的話,它會端茶給你。

特徵:
越野型履帶、態度平易親切;一定程度的隔熱效能,以保護內部線路,同時為茶水保溫;完全防水(嚴格地說是防茶水)。

尺寸:
一個茶杯的大小。

端茶機器人是第一臺被設計製造出來的小機器人。之前資深小機器人科學家們第一次碰面,想討論要設計什麼機器人,但都沒什麼想法。於是有人提議先喝杯茶再說,看看靈感會不會出現。不過,因為他們全都是大牌的終身教授、當下也沒有研究室助理在場,因此遲遲無法決定到底該由誰去泡茶。為了打破僵局,他們很快研發出端茶機器人的原型,好幫他們把茶端來。可惜,端茶機器人不會泡茶,所以最後還是得有人起身,去拿水壺燒開水。

一如其名,端茶機器人是設計來端茶用的。如果企圖在裡面倒咖啡,可能會造成無法挽回的程式衝突。

端茶機器人有各種不同設計。看那些端茶機器人,超可愛的!

杯子蛋糕機器人

主要功能：
把杯子蛋糕端給你。

特徵：
上方平臺十分穩固、防穿刺輪胎、三軸式車輪配置、無止盡的熱忱。

尺寸：
直徑略大於一般的杯子蛋糕。

基於某些和電路絕緣相關的複雜原因，杯子蛋糕機器人的認知功能沒有那麼先進，但它跟端茶機器人（還有其他類似的飲料機器人）可是好搭檔。杯子蛋糕機器人送蛋糕時比較固執，不像端茶機器人或咖啡機器人，善於預測你需要多少茶或咖啡。它一放下蛋糕，就會馬上轉身掉頭，踩著三隻小小的輪子，再去拿一塊來，嗡嗡響著，殷勤地來來回回。等蛋糕都拿完了，它會有點沮喪，四處繞來繞去想再找點蛋糕。有時候它會繞回你眼前那堆蛋糕，忘了那是自己端來的，又從裡面拿了蛋糕，在房間裡再意思一下地繞一繞，然後又回到你面前。老實說蠻可愛的，但久了是有點累人啦。

要阻止杯子蛋糕機器人不停地拿蛋糕，這是一種方式，雖然它不喜歡這樣啦。

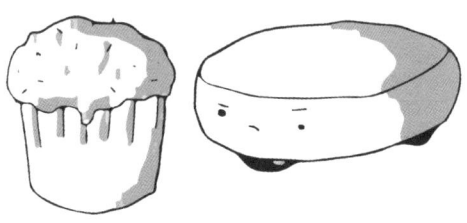

等等……要怎麼把蛋糕放上去呢？

乳製品機器人

主要功能：
辨認哪些食物含乳製品。

特徵：
乳糖感測器、深具服務熱忱、長得圓滾滾的。

尺寸：
體型嬌小，但心胸寬大。

乳製品機器人很適合乳糖不耐者，它會找到含乳製品的東西然後指給你看，例如起司。老實說，你可能本來就知道了，但乳製品機器人想要你知道它也知道。做得好啊，乳製品機器人！你超棒的！它熱愛自己的工作，會在家裡轉來轉去，到處尋找乳製品。只要給一句感謝、讚美一下，它就會再接再厲。如果忽略它，它會站在斬獲的戰利品旁，有點孤伶伶的樣子。所以一定要記得給它關愛的眼神喔，否則你就是壞蛋！

是乳牛！所以一定含奶！

加油，乳製品機器人！這瓶你一定能搞定！

餅乾蘸茶機器人

主要功能：
幫你拿餅乾蘸點茶，時間控制得恰到好處，讓餅乾不會太乾、又不至於濕到散掉。

特徵：
整合式餅乾資料庫、陀螺儀穩定器、先進的濕度感測器。

尺寸：
大部分款式的餅乾都拿得住。

拿餅乾蘸茶可是一門藝術（如果你喜歡蘸咖啡也可以啦，雖然這是……邪門歪道）。雖然人類學得會怎麼自己弄、大多時候也能成功，但機器操作的精準度是無可匹敵的。講到怎麼用餅乾蘸茶，餅乾蘸茶機器人是箇中高手。它精準知道每一種餅乾，應該浸在茶裡多久時間，才不會濕到散開，好像夢想瓦解一般。就算遇到不熟悉的餅乾款式，機器人的偵測裝備也能測出餅乾到底能吸收多少液體。

當然，如果餅乾本身不適合蘸濕的話，也可能會發生意外。

不幸的是，餅乾蘸茶機器人如果遇到佳發蛋糕，便會陷入兩難（佳發到底是餅乾還是蛋糕呢？）。*

---

* 譯注：佳發蛋糕（Jaffa cake）是英國頗受歡迎的零食，吃起來口感像蛋糕、但包裝像是餅乾。

菜單機器人

主要功能：
菜單機器人知道你想點菜單上哪道菜。它就是知道。

特徵：
對味覺與口感很有研究、多語言口譯矩陣、胃口偵測軟體、脖子有繫領結。

尺寸：
不會擋到餐具。

對有選擇障礙的人來說，上館子不一定是輕鬆愉快的事，反而是另一個讓人煩惱的地方。菜單上有這麼多選項，到底該從何點起呢？有了菜單機器人，你不必再擔心了，因為它已經知道你想點什麼菜。只要讓它掃視一下菜單、再給它點時間掃描你一下，菜單機器人就會叫服務生過來點餐，快速又有效率——而且送上桌的一定是你喜歡的菜色。假如不是的話，沒關係，反正也不是世界末日嘛。但不會有這種事的，放心。

菜單機器人也把你的經濟能力和當日特餐納入考量，因此做出的建議都很實際。

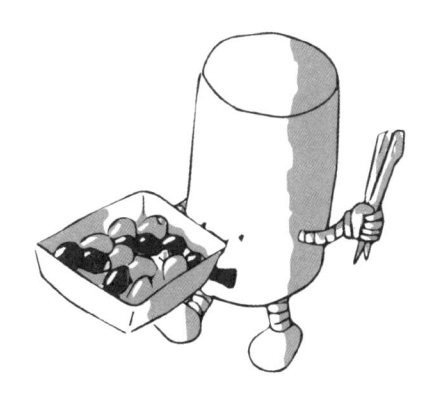

它也會偵測你想不想嚐點橄欖。

泡茶機器人

主要功能：
把茶泡好,再交由端茶機器人端給你。

特徵：
符合人體工學的容器、亮晶晶的笛音壺嘴、外層可防燙。

尺寸：
可泡六杯茶。如果你希望茶味淡些,再多一點應該也行。

泡茶機器人是端茶機器人的良伴，在⋯⋯把茶泡好這方面。泡茶機器人是多功能合一裝置，機身主體用來盛燒開的水，後面有三個小格子，裝的是茶葉、牛奶和糖。好喝的茶湯則從亮晶晶的壺嘴流出，注入端茶機器人（沒那麼講究的話，倒在普通的馬克杯也可以），入口後神清氣爽。泡茶機器人很勤勞，天天早起，會趁你早上還在梳洗準備時先自行把茶泡好，讓你下樓後馬上享用。

三個小格子都有清楚的標示，泡茶機器人會按照固定順序，取用內容物。

用夢幻隊伍，打造夢幻茶湯。

巧克力機器人

主要功能：
把那顆沒人喜歡、可怕的橘子奶油巧克力挑出來丟掉。

特徵：
裝了軟墊的夾爪、能穿透巧克力的感測介面、低溫核融合背包式噴射飛行器。

尺寸：
拿得動一般大小的橘子奶油巧克力。

巧克力禮盒裡沒人想吃的那顆，你知道吧？就是很噁心、超可怕，橘色那一顆？別擔心，巧克力機器人會把它找出來，然後用小小的夾子抓起來丟掉，只留下一個空格在盒子裡。終於可以放心了！當然啦，你是可以看那張小小的產品說明，來避開橘子奶油巧克力啦！就是店家會放在禮盒內、告訴你哪顆巧克力是什麼口味的那張紙。但那張紙太薄了，很容易就亂放到不見。或是根本沒有那一張，口味說明其實印在盒子上？哎，就算有印，你怎麼確定它準不準確？那可是巧克力公司印的耶。這些企業怪獸為了賺錢，把紅毛猩猩棲息的雨林都毀了，牠們可是大猩猩裡最可愛的一種耶。這麼狠心的人，你覺得橘子奶油巧克力到底放在哪一格，他們不會騙你嗎？醒醒吧，傻瓜！

橘子奶油巧克力挑出來後，被拿去哪兒了呢？

咖啡機器人

主要功能：
端咖啡給你，如果你想喝咖啡的話。

特徵：
越野型履帶。一定程度的隔熱效能，以保護內部線路，同時為咖啡保溫。
幾乎完全防水（嚴格來說是防咖啡）。

尺寸：
一杯咖啡的大小。

小機器人科學家們發明了端茶機器人後,接下來理所當然把矛頭指向了咖啡機器人。但咖啡機器人出乎意料地有點難搞,所以他們直到計劃後期,才做出了能正常運作的原型。可惜,因為咖啡得盛在大大圓圓的杯子裡,因此用在端茶機器人的絕緣技術不得不稍作修改,導致了一些副作用:也就是輕微的液體吸收。雖然有極少量咖啡滲漏到線路中,不過少許咖啡因對小機器人也有好處,它變得很亢奮,嗡嗡嗡地不停工作。看它歪歪倒倒地到處橫衝直撞、三不五時煞停,還持續發出低頻振動,跟它負責盛裝的那杯晨間提神飲料,還真是相得益彰。

咖啡機器人跟其他飲料機器人的設計一樣,只能用來裝專屬飲料。不過,因為茶有紓緩作用,讓咖啡機器人覺得很放鬆,因此它願意破例裝杯茶。

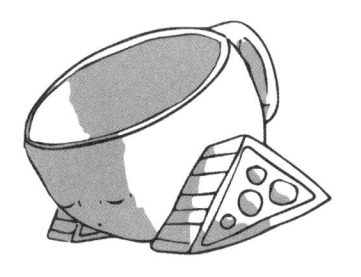

休息一下。工作好辛苦,應該的啦!

冰箱機器人

主要功能：
幫飲料保冰。

特徵：
轉軸式冰箱門、可隔熱外殼、超次元時空連通產生器、磁力開關門機械裝置。

尺寸：
能冰超過三瓶飲料。

冰箱機器人能把飲料維持在剛剛好的冷度——具體地說，是克氏溫度 3K，等同於真空狀態太空的環境溫度。這是透過人造超次元時空連通器達成的——俗稱蟲洞，能將小機器人跟跨星系太空的某處連通。這個地方距離所有天體都非常遙遠，因此那裡的東西不會受到任何重力影響。只要打開冰箱門、放入飲料罐，飲料就會漫無目的地飄進太空，推動力就是你所處座標系（假定為地球）的天體旋轉。連通器內的超地形會讓推動力慢慢消散，因此飲料只會在洞內自有、幾乎無法察覺的微重力中飄來飄去。想喝飲料的時候，冰箱機器人就會把飲料取回來給你。拿取時記得要戴手套。

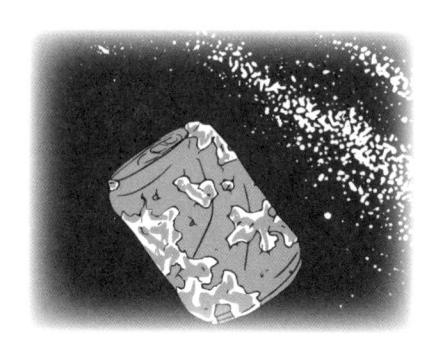

冰冰涼涼的飲料，外面鋪著一層（地球特有的化學作用而成的）結凍分子，被送進深邃太空的黑暗虛空之中，與溫暖的內太陽系裡發育的生命截然不同。有什麼比來一罐這樣的飲料更棒的事呢！

科學家一開始也嘗試過把蟲洞連接到幾個其他位置，所幸偌大的跨星際空間中，只有很小一部分有生命居住。這些星之眷族非常神祕，亙古以來對人類的東西毫不關心，只對迄今依然陌生的光線和溫暖有興趣。

洋蔥機器人

主要功能：
切洋蔥。

特徵：
外掛轉軸式切片機、洋蔥偵測天線、輪胎適合崎嶇不平的地形、極富熱忱不知疲倦。

尺寸：
比一顆洋蔥大又堅固。

我們的設計一開始是基於一片好意,真的。為了避免一邊切洋蔥一邊流眼淚,我們發明了洋蔥機器人來幫忙切洋蔥。不過,大部分小機器人只要完成任務就會心滿意足,而洋蔥機器人好像有點設計過頭了。它超級、超級、超級喜歡切洋蔥,喜歡到無法忍受任何沒切的洋蔥。洋蔥機器人的工作效率無庸置疑,但千萬別讓它知道烹飪場合以外有洋蔥存在——假如被它發現菜攤上、超市裡、甚至洋蔥田裡的洋蔥,它會發狂地橫衝直撞的。

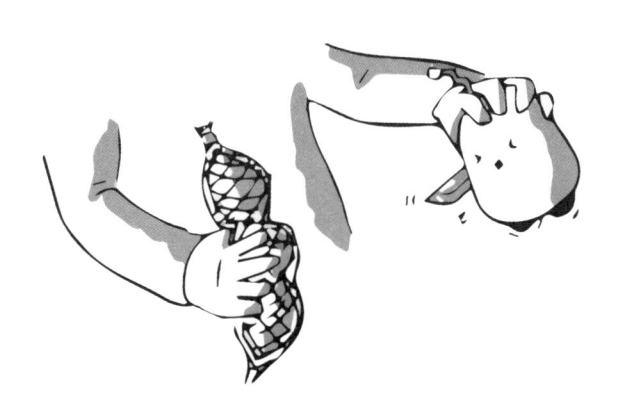

把買來的洋蔥歸位時,可要小心了!

呃……它叫洋蔥機器人,不叫馬鈴薯機器人啦!

啤酒機器人

主要功能：
端啤酒給你。

特徵：
足部有防滑功能、內建程式熟知酒吧規矩、可放入洗碗機。

尺寸：
一品脫。

啤酒機器人沒什麼特別了不起的功能：幫你端一品脫啤酒過來，就這麼單純。這玩意兒好用得很，只不過有一點兒吸收液體的小毛病──也就是夜深時，它可能會有點，那個⋯⋯醉醺醺的。它喝醉時也會耍點脾氣，所以記得要小心伺候著點。哎唷，世界上沒有人是完美的，好嗎？還好，啤酒機器人只會對其他啤酒機器人發酒瘋，所以櫥櫃裡可能會有些騷動。但它們是抗碎裂材質，所以鬧完只會留下一些刮痕，還有小機器人們受傷的小心靈。

醉得一塌糊塗。

如果酒沒倒好、泡沫太多，
啤酒機器人可是會有意見的。

葡萄酒機器人

主要功能：
幫你把葡萄酒端來。

特徵：
越野型履帶、防碎外殼、透明微型化學分析軟體。

尺寸：
一杯紅酒的容量（大杯的）。

這款機器人的功能很單純：幫你端一杯香醇的葡萄酒過來。累了一整天嗎？葡萄酒機器人知道你的辛苦。終於把孩子哄睡了嗎？讓葡萄酒機器人給你來點慰勞。一早醒來就犯酒精戒斷症狀、止不住地哆嗦，所以想來點酒精嗎？呃……這時候喝葡萄酒可能不太好啦。葡萄酒機器人的透明外殼，也有吸收少許液體的小毛病，所以跟啤酒機器人一樣，到了夜深會有點醉醺醺的。但它比較感性，酒入愁腸容易感傷落淚，不是走啤酒機器人那種動手動腳的激情路線。葡萄酒機器人造成損壞的風險比較小，但如果你只想安穩平靜地度過夜晚，可能還是太過了點。

小機器人能判斷酒瓶有沒有用軟木塞塞住、酒水有無好好保存，所以你不用試嚐味道，假裝自己是葡萄酒專家。

葡萄酒機器人有多種形狀與尺寸，適合不同風味的葡萄酒使用，讓你在品嚐美酒時顯得非常專業。

擀麵棍機器人

主要功能：
幫忙把麵糰擀平。

特徵：
內建陀螺儀動力機械裝置、可調節式壓力設定、麵糰偵測設備、永遠精力十足。

尺寸：
一根擀麵棍大小。

擀麵棍機器人非常、非常討厭沒有擀平的麵糰。只要你在廚房流理臺上放一塊麵糰，它就會開始在抽屜裡摩拳擦掌，急著想把麵糰弄平。擀麵棍機器人會在抽屜裡鏗鏗鏘鏘、躁動不安，激動地揮舞小小的手臂，直到你放它出來。一見到天日，它就會拚了命地往麵糰衝去，三兩下解決任務。幸好，它還算聽話，如果你不想要做出來的烘焙品太薄或太寬，它還是會心不情不願地聽從指示，只對付你要它擀平的麵糰。但別指望它會欣然以對囉。

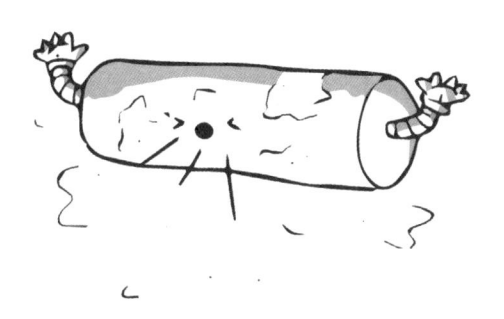

請不要在工作檯面上灑太多麵粉。　　　　　　另外，也不要把麵糰弄得太濕喔。

食譜機器人

主要功能：
試吃一口菜餚，就能反推還原出做法，讓你按照食譜自己烹調。

特徵：
先進的口味接收器、微型分子分析實驗室、能自動清潔味覺、自帶叉子。

尺寸：
永遠吃得下東西。

有多少次你在餐廳嚐到一道佳餚，會心想著「真是太好吃了，如果我自己做得出來就好了，讓這些廚師統統失業去」呢？告訴你喔，這個夢想現在可以實現了。食譜機器人會分析任何菜餚，研究到底用了什麼材料、比例如何搭配、以及所採取的烹飪技巧。無論廚師們對家傳祕技再怎麼守口如瓶，都無法倖免於小機器人的直覺威能。食譜機器人會找出祕訣，然後一五一十地說出來。接受事實吧，想靠帶來味蕾享受維生的廚師們！

少來了，天底下沒有我嚐不出來的東西！

食譜機器人無法親自動手煮出研究出來的菜色，但它很擅長號召其他小機器人，有刀的出刀、有力的出力。

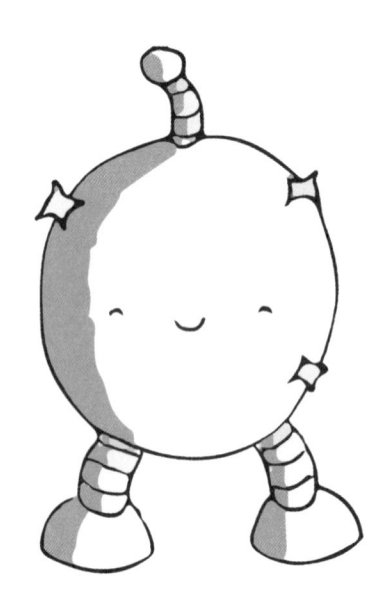

清潔類機器人

掉落物機器人
清書架機器人
撿玻璃機器人
鋪床單機器人

擦鏡片機器人
撿垃圾機器人
洗碗機器人
撿亮片機器人

機器人可以用來做清潔工作，是顯而易見的概念，因此世界上目前已經有許多這一類產品了！但我畫的清潔類機器人，比現有產品厲害多了。當然，落地型圓筒機身、下面有裝輪子的那種吸塵器是有用，因為它們會運用攝影機、雷射之類的科技找到灰塵——但它們冷冰冰的、毫無靈魂可言，哪裡比得上小機器人帶來的歡樂呢？這樣你知道哪一種比較優了吧。

清潔類機器人也突顯了人們針對小機器人的另一項議題：如果機器人被交代了討厭的任務，會怎麼樣呢？假如小機器人集體起義、想殺了我們人類，該怎麼辦呢？這些問題的本質其實都一樣，那就是：小機器人是否有自由意志，只是被人類所奴役了呢？答案是沒有。小機器人不是人類、沒有思想，只是非常精密而已。再退一步思考，我們不妨檢視一下，為什麼我們對自動化未來的想像，就只有奴役而已呢？所謂的「機器人起義」，與其說是在描述假想中的機器人勞動情況，不如說暴露了我們從過去到現在的社會文化包袱——也就是對下層階級的剝削。

掉落物機器人

主要功能：
接住不小心被你從桌面、櫃檯、架子上揮落的物品。

特徵：
大大的手掌、低摩擦力關節、高電阻外殼。

尺寸：
夠大，能安全地接住大部分居家用品（包括飲料機器人）。

生活中難免會出現意外。例如你正忙著做事情、處理要務，無意間揮了一下手趕蒼蠅、或跟剛好經過的熱氣球打個招呼——沒想到，慘劇就在這時發生了！你忘了一旁的小鳥水盆上，擱著一只你最喜歡的古董懷錶！噢不～～～那是之前你放在那裡，等下玩桌遊時要用的！別擔心，掉落物機器人是你的好幫手。它會跟在你背後轉來轉去、持續偵查警戒，只要發現有東西好像快摔下來，就立刻跳上前接住，保住物品。謝謝你，掉落物機器人！

飲料機器人的種類增加，等於在給掉落物機器人製造問題。我們怎麼會把飲料機器人設計成會走動的呢？這不是給自己找麻煩嗎……

書架機器人

這架機器人是應 Twitter 推友 @thedoctorkhan 之請所設計。

主要功能：
會在書架上蠕動著前進，幫近期沒有在閱讀的書撢去灰塵。經過書本時，偶爾偷看一下、品嚐一點文學氣息。

特徵：
纖維狀刷子、高強度體節連接器、對文學胃口無窮。

尺寸：
六個體節。

人人都喜歡書架整整齊齊、漂漂亮亮，高低有致地擺上各種讀物。優良文學作品也好、機場一隅買到的沒營養小說也好，端看各人口味。但要維持書架光潔亮麗可不容易，因為來自不同出版社的這麼多書，厚度、高度也不一樣；有些包著精緻的書套，有些又沒有。這種時候，書架機器人就是你的小書蟲好朋友：它會在書架上到處扭動爬行，用刷子收集灰塵──只要讓它偶爾偷讀一下架上的書當酬勞就好。它什麼都讀，沒有特別偏好的類型或風格，不管文學還是非文學它都喜歡；心血來潮的時候，也會研究工具書。它就是愛看書，也喜歡維持書本乾淨。

書架機器人的刷子有抓力，
有助於它在垂直的平面上走動。

工作好辛苦喔，休息一下！剛好利用機會
看點書。

撿玻璃機器人

主要功能：
不小心摔破玻璃杯時（可能因為當時掉落物機器人不在場），撿玻璃機器人會用有黏性的腳重重地踏來踏去，把玻璃碎片黏起來。

特徵：
腳掌有黏性、目光銳利、可防刮。

尺寸：
體積頗大，能弄碎大塊玻璃。

不小心摔破玻璃杯真的很讓人懊惱——因為你不但失去了一個好用的杯子,還得負責把碎片清掃乾淨。掃玻璃超煩的!碎片那麼細小,每一塊都可能割傷人,說不定還會沾到手上、把手刺痛;或是接下來好幾個星期裡,眼角餘光都瞄得見玻璃碎片的反光。撿玻璃機器人會踏著腳跺來跺去,把所有碎片黏起來丟掉,清得乾乾淨淨,一丁點都不留。它非常頑固,不達目的絕不罷休——但這正是你摔破東西時需要的。

可惜的是,撿玻璃機器人為了功能所需的尺寸和重量,讓它進不去櫃檯下面,撿不到彈進去的小塊玻璃⋯⋯

等一下!沙子也要撿嗎?

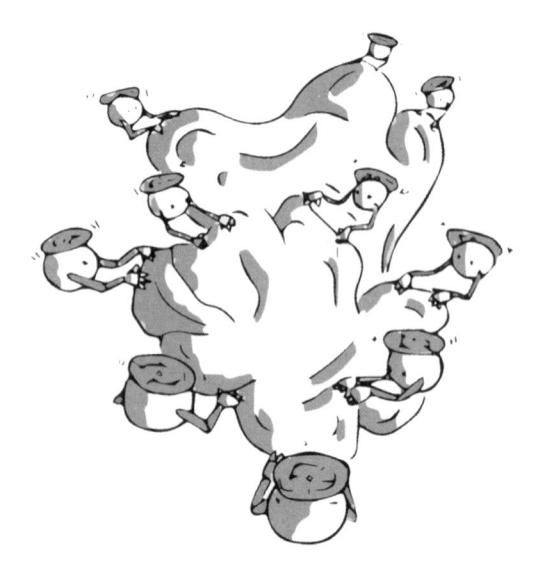

床單機器人

主要功能：
床單機器人會分工合作幫你換床單。

特徵：
螺旋槳尾端包覆軟外層避免劃破床單、按扣對齊矩陣、4D防打結模擬功能、良好的防火牆。

尺寸：
小小的，但數量不定。

床單機器人是一群結隊工作的小機器人，能在安全的無線網路內連線，合作無間把床單換好。它們工作時就好像在跳某種奇特的芭蕾舞，來回縈繞盤旋，有時候往下俯衝，隱沒在翻騰的床單之間；直到大功告成它們才又現身，停在剛鋪好的床單上方，拍拍小手上的灰塵。然後你就能安穩睡覺囉——頂多會在床包和床墊之間，發現一臺落單的床單機器人，忙碌時不小心困在那裡。

雖然名為床單機器人，但它們也會換枕頭套喔。

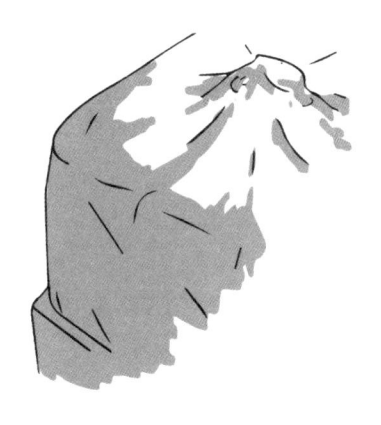

哎呀！怎麼被困在這兒了⋯⋯

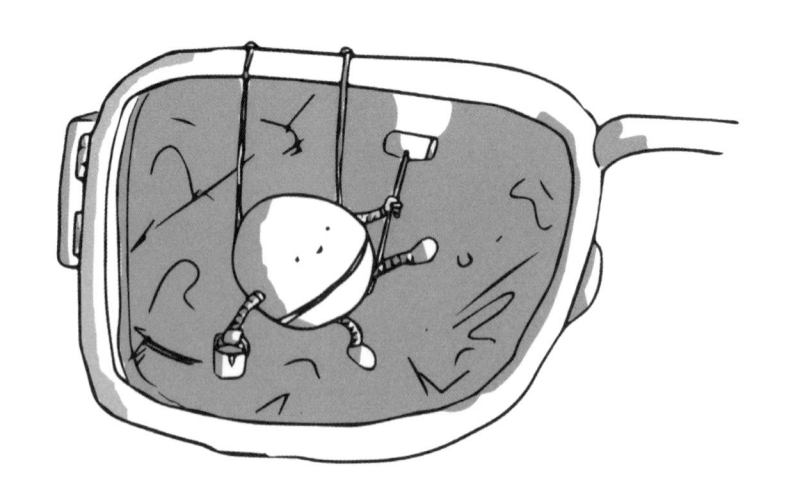

鏡片機器人

主要功能：
掃除鏡片髒汙、鏡片起霧時幫你擦拭、清除掉落的睫毛。

特徵：
嚴格的清潔程序、抗震外殼、內建儲藏裝置、避免刮傷鏡片的渾圓形狀。

尺寸：
很不起眼，幾乎不會注意到它。

鏡片機器人的工作很簡單，就是讓指派給它負責的眼鏡隨時保持乾淨。需要清潔的時刻通常並不多，因此它只是坐著待命；但只要一發現鏡片上出現指紋或睫毛，或你剛吃完洋芋片的油膩手指沾上鏡片，小機器人就會帶著水桶和玻璃刮刀，迅速採取行動。事實上，它有各式各樣清潔用具，都存放在容量很大的機體內，因此無論何種髒汙，它都有辦法處理。

鏡片機器人會趁工作之餘，喘口氣吃午飯。但這樣反而又製造出髒汙，需要清潔。

如果清潔的是太陽眼鏡，鏡片機器人看見自己的倒影時可能會覺得困惑。一般來說，小機器人的智慧程度，不足以辨識倒影到底是自己的、還是其他小機器人的。

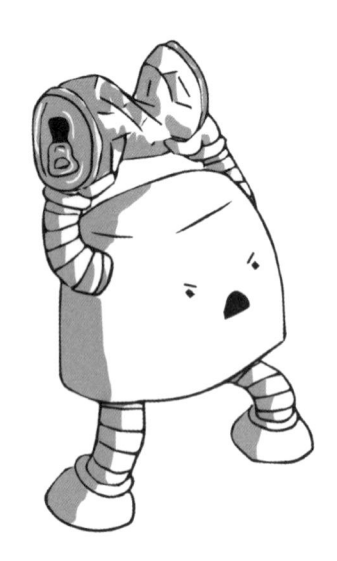

撿垃圾機器人

主要功能：
有人亂丟垃圾時，撿垃圾機器人會撿起垃圾往他們身上扔。

特徵：
廣大的活動範圍、全方位垃圾偵測裝備、強化型彈道計算器、怒氣沖沖。

尺寸：
比想像中小，因為它連冰箱都舉得起來。

說不定你是這類人：使用完容器、包裝盒、消費品或印刷品後，就隨手一扔，沒有好好丟進垃圾桶內。或許你的理由很充分、或許當下有不得已的原因，也或許你只是單純忘了把東西丟進垃圾桶。但撿垃圾機器人通通不在乎，它對自己採取行動的標準很嚴格。垃圾只要一落地，撿垃圾機器人就會撿起來，直接朝你臉上扔；飲料罐也好、洋芋片包裝袋也好，甚至一整組沙發也一樣。不喜歡這樣嗎？那亂丟垃圾破壞環境之前，就要先想清楚後果囉。

這張圖看起來好像我們贊成用暴力來懲罰小過錯。因為的確是啊。

洗碗機器人

主要功能：
超愛洗碗，怎樣都洗不夠。

特徵：
表層防水、平衡感極佳、強大的游泳程式、喜歡泡泡。

尺寸：
能深入各種狹窄縫隙。

因為大家都想擁有洗碗機器人,我們便從善如流設計了一臺。既然只需要一臺配備完善的小機器人就能把碗洗好,又何必在廚房裡裝個巨大的洗碗機,白佔空間呢?洗碗機器人與各種汙垢油脂勢不兩立,只要一發現,就會拿著小拖把衝入戰鬥,卯起來刷刷洗洗,直到東西全部變得亮晶晶。它從洗滌過程得到很大的滿足感,把髒掉的餐具、瓷器、用具視為個人侮辱;每一次洗碗,都像是捍衛至尊水槽的殊死決鬥。它可能有點太認真了,但成果真是沒話說!

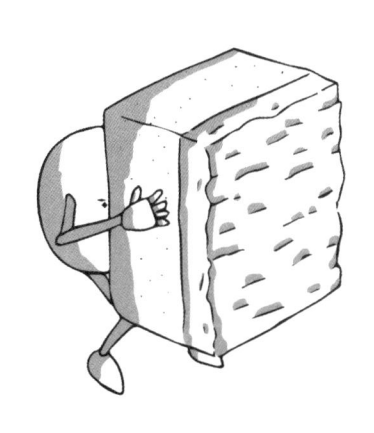

如果遇到頑垢,洗碗機器人會升級裝備,搬海綿出場。

洗碗機器人對自己非常嚴格,會仔細檢查每樣東西,連一丁點小汙垢都不放過。

亮片機器人

主要功能：
聖誕佳節或其他場合時,亮片機器人會在家裡巡邏,看看哪裡有亮片亂灑,撿起來丟掉。

特徵：
頂部有旋轉式閃光燈、磁力型滾筒附帶自動亮片過濾器、不屈不撓的意志。

尺寸：
比亮片大。

有些人很喜歡亮片。他們真是大錯特錯。亮片不但節慶時分讓人不勝其擾，普通日子裡也很討厭。它會黏得到處都是，沾到手上也未必會發覺，除非亮片反射出光線你才看見。有時候又跑到鼻子上、你卻渾然不覺——直到有人指著你鼻子提醒，以為你是故意的為止。唉，謝了啊老兄，對啦我才剛從夜店玩回來，直接來上班啦，可以了吧？亮片機器人能幫你解決問題，它會把亮片蒐集起來再丟掉，絕不妥協，連一小片都不放過。那些節慶時分出現、細小討厭的碎片，小機器人全都會嫉惡如仇地清掉，還你一個清淨的生活空間。

天哪～～～別又來了……

健康類機器人

喝水機器人
遮陽機器人
助眠機器人
止嗝機器人
藥房機器人

我一直很積極地提倡維持健康的生活型態——比方説，我幾乎從不故意闖入收割機中、也不喝漂白水——因此，畫幾個機器人來強調身心健康的重要性，也是理所當然。當然，這類機器人背後沒有太多目的，就跟我做的其他事情一樣；我只是一路創作各種款式的小機器人，而其中有些剛好符合這一類型罷了。

小機器人會關心主人嗎？這很難説。他們不是人類、不會思考，所以只能以設定好的方式作出反應。它們會從正確執行功能的過程，得到某些收穫，我稱之為「機器類比滿足感」；而如果該機器人的功能是維護人類健康，那麼它們的行為或許能理解為「關心」。但在本質上，它們仍然只是機器。想把它當作人的話，可要三思了，請記得小機器人只會執行賦予它的任務，所以不要期待它會多做些什麼。這個想法本身就牴觸了小機器人的特性。

喝水機器人

主要功能：
不時提醒你喝水。

特徵：
補水偵測感測器、定位指示燈、一面小告示牌。

尺寸：
無論你藏在哪裡，小機器人都找得到你。

維持身體的水分是很重要的。水分充足，身體才會健康，否則大腦會乾枯耗竭、腦容量也會縮成跟蜜橘一樣大小。多喝水就對了！這對你有好處。喝水機器人深諳此理，所以只要偵測到你需要補水，它就會找到你、舉起小小的告示牌提醒你「該休息一下，喝點水囉！」你就去喝吧，身體會感覺舒服很多。

忙著工作嗎？該休息一下囉！

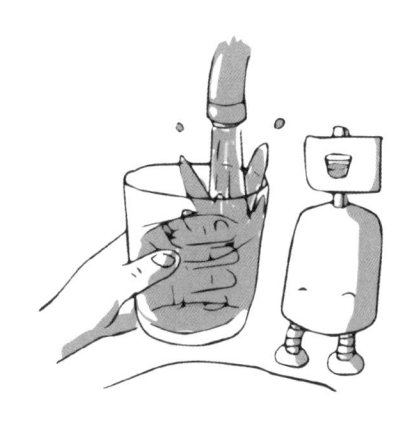

就是這樣！做得好！

遮陽機器人

主要功能：
如果你是小朋友、或有長雀斑、或以上皆是，遮陽機器人會幫你擋太陽遮光。

特徵：
會自動穩定傘沿流蘇，以確保固定的飛行高度；抗紫外線傘面；螺旋槳有做隔板，提供理想的放鬆環境；以太陽能感測器為基礎的響應式定位演算法。

尺寸：
一把陽傘大小。

太陽好大啊！好一顆熱氣翻騰、炙燙高溫的星球，距離我們只有 1 億 5000 萬公里遠，乍看像是一尊充滿善意的神、對著地球微笑。但太陽其實是個粗暴的壞蛋，與其他恆星結夥，一幫狐群狗黨穿著皮衣、騎著重機，伺機包圍其他星球上渺小脆弱又毫無防備的居民，用光和熱發動危險的攻擊。不過，從今以後你不用再害怕太陽了（有人叫它天空惡霸）：遮陽機器人能保護你，遠離毒辣的陽光；它擁有不透光傘面，能輕鬆把高能量的紫外光（根本應該說紫外狂）反彈回去，並不偏不倚在你頭頂盤旋，讓你盡情享受涼爽的遮蔭，創造屬於你的小小保護圈，免受頭頂烈陽茶毒！

太陽以為能阻止你看書──所有不喜歡的東西，它都想審查──而遮陽機器人會為你挺身而出。

連巨人機器人有時候也會想躲躲太陽。

助眠機器人

主要功能：
如果你遲遲無法入睡,助眠機器人會為你輕輕哼歌,直到你睡著。

特徵：
確保能悄悄撤退的緩衝板輪軸、入睡偵測天線、歌聲悅耳。

尺寸：
枕頭連凹痕都不會出現。

小助眠機器人是讓你一夜好眠的良伴。它的歌聲優美、能舒緩心情，也知道很多輕柔的歌（很多是它自己作的曲喔），除非你生了什麼嚴重的病，否則它催眠的功力著實一流。每天晚上，助眠機器人會停在枕頭上、為你唱小夜曲；直到你睡著了，它才心滿意足地悄悄滾著輪子退下、歸位休息，直到下一次上工。如果你半夜醒來，它也會知道；萬一你無法再次入眠，它就會再出現。小機器人會先輕輕哼唱幾句，這樣如果你不需要它，也不至於打擾到你；假如你還是睡不著，它就會跟之前一樣再唱小夜曲，因為讓你一夜好眠、養好精神迎接明天的挑戰，是它最在乎的事。

顧客建議：助眠機器人只要買一臺就好，或至少要把不同隻分開來放。

如果哼曲子沒用，助眠機器人會再請一群小小的數羊機器人來幫忙。

止嗝機器人

主要功能：
幫助你瞬間止嗝。

特徵：
關節處降噪軟墊、腿部拉伸度高、嗓門很大。

尺寸：
小小的，根本不會發現它接近。

哎呀，又打嗝了。打嗝這種莫名其妙的生理現象，討人厭又無從預測。許多人都嘗試研究過各種止嗝療法，有些偶爾有用、有些則毫無根據，但其中有一種卻得到了經驗法則的支持：突然被嚇一跳。止嗝機器人就是這種嚇人專家，只要聽到有人打嗝，它就會躡手躡腳地走近，冷不防從背後跳出來嚇你，趕跑打嗝。但不建議心臟病患者與神經質的人使用。

隔壁房間好像有人在打嗝喔……

嚇唬失敗的話，當然還有其他法子，止嗝機器人會想辦法找出來。不過端茶機器人似乎對它很不以為然。

藥房機器人

主要功能：
存放藥物並追蹤你的服藥情況,在正確的用藥間隔後現身,確保你有按時服藥。

特徵：
內建微型精密計時器、低摩擦抽屜式分隔儲藏櫃、先進的多病灶記憶核心、靈活的手指。

尺寸：
裝得下你全部的藥。

如果你有很多藥物需要服用，藥房機器人能滿足你所有的服藥需求。它不但能保存藥丸、膠囊、藥片、口含錠、藥膏、藥粉、噴劑、合劑、糖漿、洗劑、軟膏、藥草、順勢療法*，還知道何時該服用這些藥物、劑量多少。只要吃藥時間到了，藥房機器人就會搖搖擺擺地走過來給藥，所以你只要專心負責康復就好（或不要惡化），不用傷腦筋記住一大堆複雜的用藥說明。

藥吃完時，藥房機器人還會去藥局補貨。

雖然沒有受過藥師訓練，但接獲新藥時，藥房機器人都會詳細查閱所有副作用、交互作用和其他資訊。

---

* 開玩笑而已！藥房機器人不會儲藏白開水。可能會有生理食鹽水，但此外沒有了。

電腦類機器人

存檔機器人
附檔機器人

跟電腦有關的疑難雜症實在太多了，或許是因為我們都相當仰賴電腦的緣故。事實上，此時此刻我正用電腦打著稿呢！還好，目前為止沒出什麼問題。接下來的電腦類機器人，是從解決人們工作或生活中資訊科技困擾的小機器人裡，簡單抽樣進行介紹。

説到電腦，小機器人算是人工智慧嗎？這個問題可大有文章，因為「智慧」的定義到底是什麼，目前尚無定論；就連人類智慧該如何定義，其實也沒人知道。有人主張智慧就是 IQ 測驗的結果，但 IQ 測驗也是人設計的，跟其他人為創造物一樣，都很主觀；我們以為測驗能呈現某些東西，事實上卻未必如此。有些動物確實也有智慧靈性，但似乎沒有任何一種動物擁有思考能力（有些人稱之為知覺），也就是自我意識。就算是最聰明的人猿類、鯨魚類或頭足類動物，好像都無法意識到自己是獨立於環境的個體——當然話説回來，這件事大概也無從測量。人類大腦無疑是我們所知最複雜的東西，但大自然中其他地方也存在著複雜與秩序。銀河有思考能力嗎？宇宙呢？這些問題或許沒有答案，但對於電腦系統中所謂「機器學習」這種現代現象，我是持懷疑態度。大腦是經過千萬年的自然淘汰過程，才鍛鍊出來的器官；它能衡量複雜的情況、因時地制宜，來應對環境的刺激，這是功能再強大的電腦都望塵莫及的。

存檔機器人

主要功能：

會定時自動晃到你的電腦前，把身上的接口插進電腦，備份重要檔案。

特徵：

支援 USB 介面、密碼保護功能（當你要使用時，它會輕聲問你「密碼是什麼？」）、專屬防毒軟體、有六隻腳所以動作敏捷。

尺寸：

至少 100TB 儲存空間（且持續擴充中）。

小型廠商製造的電腦通常品質較差，容易出現各種奇怪的毛病。有時候，電腦就是會無緣無故當機——這或許是因為，廠商製造二進制電腦的方法相當原始，本來就有缺陷——老實說，這些產品還能做圈叉遊戲以外的事，已經很了不起了。但小機器人研發團隊勇於面對人生現實，不會只活在自己美好的幻想中。我們知道，PC這種設備雖然過時，但仍是許多人不得不仰賴的東西。存檔機器人會定時備份所有資料、然後馬上跑走以保護資料安全，儘可能地防範電腦無預警當機。它不僅僅是個隨身碟，因為小機器人的記憶體本質上就不同、可靠度也更高。它不但會記憶硬碟上所有資料，而且萬一真的發生了可怕的當機，你稍後還是能用那臺破電腦回復檔案。

下載資料時（僅需數秒即可完成），存檔機器人會休息半晌、耐心等候，享受一下旁邊老前輩傳資料時嘰嘰嘎嘎的單純聲響。

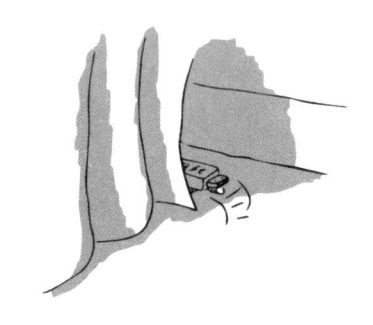

一存好檔就快閃！

附檔機器人

主要功能：
提醒你記得在信末附加檔案。

特徵：
明顯的招牌、根據上下文進行文字辨識、放得進書桌抽屜。

尺寸：
書桌抽屜裝得下，剛剛說過了。

我們都有過這種經驗：在信裡寫下「請見附檔」；點了「傳送」後，才發覺忘了附加檔案，於是只好再坐回去，等收信人疑惑地再寫信來詢問。這是典型的現代職場失誤，超尷尬的。幸好，附檔機器人幫得上忙：它會自動閱讀信件內容，只要發現有提到「請見附檔」的地方，就會把小招牌高高舉起，直到你把檔案附上為止。再也不會說有附檔卻沒寄、在同事面前出糗了。超方便的！

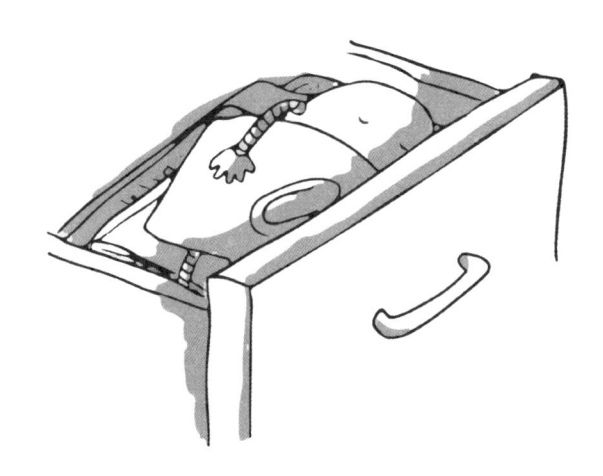

不用工作時，附檔機器人會在抽屜裡打盹、消磨時間。這樣你知道它為什麼是這個尺寸了吧！

藝術類機器人

藏書機器人
劇情連貫機器人
莎士比亞機器人
防劇透機器人
回饋機器人

在人類所有的嘗試中，藝術是主觀成分最強的，這方面機器人肯定不會懂吧？普通的機器人或許如此，但小機器人可就不同了！你知道的，普通的機器人要做的事情太多了；你得把多項功能，拆解成簡單的單一指令。小機器人不需要理解莎士比亞，只要閱讀臺詞、再把舞臺指示表演出來即可。如果程式設定得好，你甚至看不出來它其實不知道自己在做什麼呢！

藝術或許可以作為衡量智慧的標準之一；而試圖讓人工智慧自行創作藝術，則帶來了……很麻煩的後果。人類的感官能力（尤其是視覺）能根據具體情況做調整；若要把天生的智能行為複製到機器上，這種調整就是巨大的挑戰。人眼運作的方式與相機鏡頭不同，我們有一大部分視野其實是由大腦自行產生，運用短期記憶與周遭細節，對缺漏的部分進行推論。只要明白這個訣竅，要欺騙視覺就很容易——這正是視覺媒體之所以奏效的原因。請回想一下繪畫和螢幕這種 2D 平面，是如何透過技巧創造視覺深度、又不會顯得不對勁。電腦做得到相同的事嗎？對人眼來說，一張圖片的構成，需要的可不只有像素而已。電腦會對任何事物進行分析，這是它的本質；但人類大腦精密的處理功能，會自動忽略某些東西。有時被大腦過濾掉的東西，和大腦刻意注意到的一樣重要。

藏書機器人

主要功能：
買進一本新書後，藏書機器人會幫你把書藏起來，免得你那堆待讀書籍上頭又多加一本，讓你心生內疚。

特徵：
強大的搬運能力、驚人的敏捷度、移動迅速。

尺寸：
比你現在手上拿著的書還小。你瞧！

啊～～～書店實在太吸引人了！那裡有許多精采絕倫的文字、引人入勝的故事，還有奇奇怪怪的作者照片。逛著逛著，很容易不經意被某本書勾起文學魂，一時興起買下──你一定有過這種經驗吧。不怪你啦！只不過，放縱自己總有代價要付；對愛書人來說，這個代價就是在床邊、在書架上、甚至在養烏龜的生態缸裡堆積如山的書本，層層疊疊、搖搖欲墜。那麼多書，誰有時間全部讀完啊？就算號稱愛書人如你，也不可能。看到滿坑滿谷、要出動挖土機才鏟得起來的書，逐漸在地毯上蒙上一層層灰、慢慢石化成被遺忘的篇章，你的心裡就越發懊惱，壓力山大。因此，你需要一臺藏書機器人。它跟許多現代設備一樣，一開始看似礙手礙腳，卻是真心為你的最佳利益著想。沒錯，你是真心誠意想買那本新書的，可是家裡已經有一大堆要看的書了！藏書機器人會密切追蹤哪些書已經讀完、哪些還沒翻開，並在它的核心處理器建立一道精準的閱讀順序。它會把最新買的書藏起來，等輪到順序時再搬出來給你讀。

藏書機器人在每個家裡都有一個用來堆書的角落。就算被你發現，你也無法得意太久。藏書機器人神通廣大、手腳靈活，書堆很快就會轉移陣地，還沒輪到的書，你一本都讀不到。

劇情連貫機器人

主要功能：
在你中斷了好一陣子又重拾影集、電影或書籍時，劇情連貫機器人會提醒你哪個角色是誰、有什麼重要性。

特徵：
先進的臉部辨識演算系統、模組化記憶核心、說故事很有一套。

尺寸：
沒有很大，但可以輕鬆加入更多儲存空間，以便處理複雜的劇情。

跨媒體製作正當道，緊湊的故事情節人人愛。但有時劇情實在太複雜，分批看的時候，很容易搞不清楚故事現在發展到哪裡，推敲老半天也沒用。苦差事就交給劇情連貫機器人吧！它能立即吸收必要資料，在你重浸故事之前告知你有關的部分。劇情連貫機器人眼睛很利、會注意小細節，無論是你看的是影集、書或電影，它都會挑出你看下一集時需要知道的資訊，能力近乎不可思議。

除了演算系統，它還會使用別的工具喔！

出乎意料的是，它本身對體驗媒體一點興趣也沒有，寧願留你一個人自己享受。

莎士比亞機器人

主要功能：
如果你把莎士比亞當小說讀、為此苦悶的話,莎士比亞機器人能幫你把內容表演出來(莎士比亞的作品本來就該用演的),連劇本上的批註和故事背景都會包含進去。

特徵：
聲音表情豐富、有個裝滿道具的大箱子、臺詞背得一字不漏。

尺寸：
蠻小的,但為數眾多。

整個英語世界裡，少有人能把莎士比亞教得精采，導致許多人只要想到莎士比亞，只會聯想到灰塵漫天的教室裡、沒完沒了的無聊講課，真是白費了這位大詩人的偉大劇作。莎翁的作品不能用讀的，而是拿來觀賞的！雖然全世界一直都有許多才華洋溢的表演者，滿懷熱忱地持續演出莎士比亞劇作，但不是每個人都有機會認識所在地的業餘戲劇社團（或區域性的同質團體）。莎士比亞機器人受過訓練、熟知莎士比亞所有劇碼，也備有足夠道具和舞臺布景；任何你指定的戲劇，它都有辦法搬上舞臺。你甚至可以設定隨機模式，它們就會自動挑一齣戲為你演（出當然，如果是內容有連貫性的歷史劇系列，就不建議這樣做）。如果你是賞劇行家，甚至還有一個設定，能讓你用原始克林貢語欣賞劇碼。

被熊熊機器人驅逐退場 *1

演出《松佩克五世》，發表著名的克林貢節演說 *2

---

*1 譯注：「被熊追逐，退場」出自莎士比亞《冬天的故事》（The Winter's Tale），是莎劇中最著名的舞臺提示。

*2 譯注：《星艦迷航記 VI》裡，一位克林貢外星人引用了莎劇臺詞，並說：「用克林貢語講臺詞，可精采多了，莎士比亞的戲原本就設定要用克林貢語演出的。」

防劇透機器人

主要功能：
嚴加防範網路上和生活裡的劇透，讓你不會被雷到。

特徵：
能根據情境演算並發現劇透、全套多媒體偵測組件、手腳超快且動作敏捷。

尺寸：
夠大，能遮住大部分多媒體裝置的螢幕。

我們生活在電視的黃金年代,但同時也是網路及其他事物的垃圾年代,這真是一大諷刺。我們一方面期待收看或收聽節目,來忘卻日常生活的煩惱;但於此同時,這些用來忘卻煩惱的串流服務、第四臺或傳統的廣播,卻又悄悄被一些不該出現的劇透入侵、洩露了接下來的劇情,形成另一種煩惱。防劇透機器人會保護你,遠離這種來自無聊的真實世界、粗魯無禮的行為。它會挺身介入,搶著擋在你的眼睛和任何出現劇透的螢幕之間。你不會感覺到它的存在──除了需要出面的時候,其他時間它都非常安靜,因為它存在的目的,就是讓你無須小心翼翼地瀏覽社群媒體。但當然,它沒辦法擋住上頭討厭的人或事,在這件事上就幫不了你了。

不要看!把那臺筆電關起來!裡面有一堆劇透!

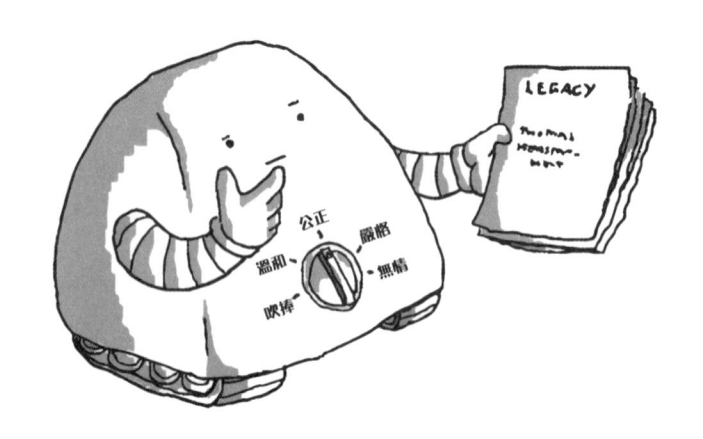

回饋機器人

主要功能：
希望有人針對你的作品給予批評指教時，回饋機器人會提供誠實的藝術價值評估。

特徵：
鑑賞辨識晶片、藝術資料庫、調整嚴苛等級的刻度。

尺寸：
很重，重到如果它說了什麼不中聽的批評、讓你想踢它一腳，你也會先猶豫一下。

要找個人針對作品給予有效的回饋,實在太難了,尤其是在朋友(1)沒時間批評你垃圾般的半成品(2)想誠實告知你的作品是垃圾無誤、但又不想傷你心的時候。回饋機器人是公正客觀的評論員,會評估你新近的藝術創作、並給予建設性的評論,來幫助你進步。雖然回饋機器人始終保持著誠實與支持的態度,但你還是可以使用機身正面的刻度,來調整回饋的嚴苛等級。新手建議從「吹捧」開始,而「無情」只建議經驗豐富的老手使用。

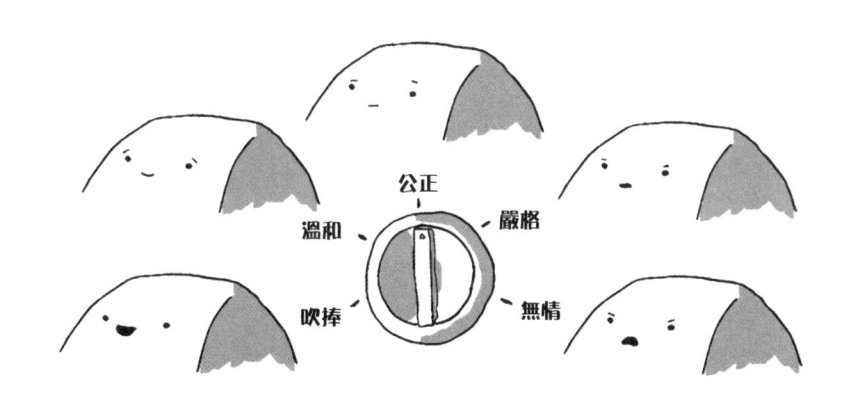

回饋機器人會呈現許多不同面貌。

動物類機器人

蜘蛛機器人
汪汪機器人
絨毛機器人
狗狗機器人
貓貓機器人

昆蟲機器人
耳罩機器人
寵物保母機器人
蝸牛機器人

機器人跟小動物有點類似，讓人很容易聯想在一起。小機器人有張小臉、感覺又很親人，跟小動物的確是蠻像，所以我也不免俗地畫了個基本上就是用來取代寵物的小機器人。但接下來這部分的機器人，有些是設計給寵物用的、有些是給寵物主人用的、有些則是⋯⋯哎呀，看了就知道囉！

如果我們無法透過電腦設定讓小機器人付出愛（間接的愛不算的話），那麼它跟小動物之間的差異是什麼呢？「愛」這種東西，是不是僅限有思考能力的人類擁有，就跟藝術一樣？有養寵物的人，都堅信自己的寵物很愛主人，但這究竟是人類所定義的愛、或只是寵物的習得行為與情感依附，你很難定論兩者之間到底如何劃分。這種情況，就跟電腦程式與人類智慧之間的關係一樣。有人把智慧視為決定論的一種現象，是某些行為發生後必然附隨產生的特性。到底有沒有一個明顯又可測量的門檻值，只要超過這個門檻，複合的行為模式就會變成自由意志呢？抑或兩者之間具有連續性、是一個漸進式的光譜呢？科學家仍在持續研究這個問題，不過答案是不會寫在小機器人的程式協定裡的。

蜘蛛機器人

主要功能：
協助引導家裡的蜘蛛安全地離開、去別的地方，免得你被嚇到。

特徵：
四肢可彎曲、以達到最佳舉牌效果、外型圓滾滾、不怕蜘蛛（除了超級大隻、移動迅速的那種）。

尺寸：
比大部分蜘蛛大。

蜘蛛機器人，蜘蛛機器人
送走所有你發現的蜘蛛們
舉起牌子，請到室外
但別擔心，牠們安全無礙
請注意（如果你是蜘蛛），
蜘蛛機器人來了！

（＊編注：此段歌詞致敬〈蜘蛛人主題曲（Spider-Man Theme）〉。）

如果你不希望家裡有蜘蛛，那麼蜘蛛機器人是你的好選擇。它會舉起大大的牌子，告訴蜘蛛通往室外的安全路線。如果你是那種喜歡把蜘蛛打扁的人，那蜘蛛機器人就派不上用場了——事實上，你根本不需要任何小機器人。請放下這本書，花點時間思考一下自己的人生。

蜘蛛機器人對這件事非常有感。

汪汪機器人

主要功能：
讓你知道附近有隻你可能會想欣賞的可愛狗狗。

特徵：
狗狗辨識感測器、頂部裝有旋轉式閃光燈、四肢防咬。

尺寸：
大約一隻小獵犬的體型。

狗狗是人類最好的朋友、也是千百年來忠實的夥伴,是我們精心選來餵養、無條件愛我們的突變種生物!出門在外,還有什麼比看到狗狗更讓人開心的呢?快看那裡:有一條無憂無慮的乖狗狗,正在聞樹、吃人家掉在地上的餅乾,或是好奇地瞧瞧垃圾桶。不過現代生活忙碌,有時候你可能剛好沒發現對街就有一隻狗狗,踏著毛茸茸的小小步伐正在蹓躂。但汪汪機器人永遠不會錯失任何狗狗,因為它無時無刻都在搜尋哪裡有汪星人好朋友;只要一有發現,就會趕快告訴你。然後你們就能一起欣賞狗狗了!真是太美好了!

這隻是尖嘴小狗狗。

這隻是強壯的大狗狗。

絨毛機器人

主要功能：
用小小的腳趾，撿起卡在地毯上的毛團和頭髮。

特徵：
腳趾抓得住東西、天線能對毛團進行三角測量、抓握力強。

尺寸：
比大部分毛團大。

如果你有養寵物、留長髮（或兩者都有），那你一定很熟悉地毯上到處纏著毛團的困擾。如果你懶得再自己動手拔，那就讓絨毛機器人替你代勞吧。它很樂意用腳趾把所有找到的東西蒐集起來，儲存在金字塔狀的機體裡。但這些毛團被拿去做什麼了呢？其實我們不知道，這是祕密。

這幾張圖純屬揣測。

狗狗機器人

主要功能：
讓因為過敏、租約限制等因素無法養狗的人，也能享受機器狗狗的陪伴。

特徵：
會走動的小小腳掌、高興時會搖來搖去的小毛球尾巴、被親的話會咧嘴開心地笑、可以找東西的心形鼻子。

尺寸：
狗狗體型。

狗狗機器人是寵物類機器人率先開發出來、也是最受歡迎的款式，擷取了上千隻狗狗的真實樣貌，依照數據演算出行為表現。這代表狗狗機器人是相對簡單的產品，基本上的原始設定就是無條件地愛人類。從你打開包裝盒的那一刻起，狗狗機器人就愛上你了，而且它比活生生的狗狗容易照顧。當然，它無法取代真正的狗狗，但確實把擁有狗狗的快樂填入了生活中。這位可愛的小夥伴會到處跑來跑去研究環境，也會撒嬌。狗狗機器人雖然預設為未經訓練，但它不會太調皮、照顧起來也不麻煩。你肯定會想跟它玩，因為它每次看到你，總是很開心的樣子！

狗狗機器人有許多模組，標準型號只是我們供應的其中一種。上圖設計（左上起順時鐘方向，分別為：臘腸狗機器人、吉娃娃機器人、博美狗機器人、聖伯納犬機器人）不但外型各異，行為上也有些許不同設定。例如，博美狗機器人小巧滑稽，而聖伯納犬機器人則會救援受困山友。

貓貓機器人

主要功能：
讓因為過敏、租約限制等因素無法養貓的人，也能享受機器貓貓的陪伴。

特徵：
能抓握東西的碳纖維鬍鬚、逼真的喵喵叫聲、自動修正式平衡調校矩陣、腳趾下有肉墊。

尺寸：
貓貓體型。

小機器人系列產品中,寵物類機器人是迴響比較熱烈的。為了達到維妙維肖,我們向全世界幾千位寵物主人蒐集資料,再利用演算法推算出機器寵物的行為。以此方式製造的寵物類機器人,大多都無條件地愛主人──但貓貓機器人卻是個例外。雖然有些主人回報,他們跟自己的貓貓機器人都很愛彼此;但演算法是嚴謹客觀的,智人與貓之間的情誼畢竟是一場假象,來自那些毛茸茸、在你家裡躡著手腳前進、邪惡魔鬼後代的精心策劃。因此,貓貓機器人不是真的愛你:它只是忍受你的存在、接受你這個管道,好讓它能接上充電器。為了讓你相信它對你有感情,貓貓機器人會對電器和電腦硬體窮追不捨,像野蠻人一樣撕咬、把東西支解,再把迸著火花的殘骸亮給你看,彷彿在對你示好。雖然我們警告過貓貓機器人的主人這只是花招,他們依然堅信自己的寵物很愛他們。並沒有這回事。

貓貓機器人有些型號外型超可愛,行為舉止很容易激發人類的照顧本能……

……但那只是表象而已,別被騙了!只要有機會,它們可是會給你好看。

昆蟲機器人

主要功能：
找到有趣的昆蟲、小心地拿去給你看，再安全地放回去。

特徵：
抓握動作輕柔、天性好奇、喜歡昆蟲。

尺寸：
夠大，能安全地撿起大部分無脊椎動物。

昆蟲機器人不但自己喜歡昆蟲，也想要你瞧瞧它的發現。拿一隻可愛的小蟲子給你看、讓你驚喜一下，是昆蟲機器人最大的樂趣。它無時無刻都在尋找自己覺得好玩的蟲子，但就連最平凡無奇的無脊椎動物，也能讓它雀躍不已。有時候，它可能會捉一隻瓢蟲或蝴蝶來給你，有時則是鼠婦或小甲蟲。你也可能會收到蝸牛、蚯蚓或蜜蜂。如果帶小機器人到海邊，它甚至會捉小螃蟹或海葵給你看！如果你是昆蟲愛好者，那麼昆蟲機器人就是你的首選；如果你不太喜歡昆蟲，那就略過它吧。

抓蟲子必須很小心，所以昆蟲機器人一次只會捉一隻給你看。但到底該選哪隻好呢？

回去吧，小夥伴！

耳罩機器人

主要功能：
兩兩成對，能在預定日自動找到你的寵物、保護牠們的耳朵，不受到煙火或其他可怕聲響的驚嚇。

特徵：
外殼安裝日期選擇器、自動返航功能、堅固的可調式連接頭箍。

尺寸：
可調式頭箍，剛好能掛在寵物頭上。

煙火和其他分貝很高的外在噪音，可能會對寵物造成很大的驚嚇。全世界的飼主都在呼籲，慶祝節日的時候（無論是跨年、開國紀念日、解放紀念日、還是四百年前殘忍處決一個小恐怖份子後會進行的慶祝活動），不要在住宅區施放煙火──但似乎沒什麼效果，有時候大家就是想咻咻蹦蹦地弄點噪音。拜託，用煙火製造噪音，1605 年那一齣才是正港的示範好嗎。* 但這麼精心策劃的煙火表演也不是說有就有，只好派耳罩機器人上場來結束這一回合了：只要在帶隊的耳罩機器人上設定好日期，它們就會耐心地等待，並在指定的那天出發找到你的寵物、再把自己牢牢固定住，讓寵物晚上能安穩入睡。

狗狗也能和大家一起開心欣賞煙火！

貓貓也能在辛苦了一整天不停打盹後，好好休息一下。耳罩機器人非常樂意一起休息。

---

* 譯注：1605 年，一群英國天主教異議份子密謀用火藥炸毀英國國會大廈、並殺害正在參加國會開幕典禮的英國國王詹姆士一世，但終告失敗，史稱「火藥陰謀」。

寵物保母機器人

主要功能：
在你暫時離家時幫你照顧小寵物。

特徵：
包羅萬象的動物行為資料庫、備餐用營養分析軟體、材質防咬、不會對動物過敏。

尺寸：
大小適中，進得去小動物飼養箱、也能遛大型犬。

我們偶爾都需要度個假,問題是狗狗卻不能一起帶上飛機——你得去辦理一大堆手續,又得幫狗狗準備用來在降落時舔的特製硬糖,以防耳朵痛。寵物登機需要的裝備都很昂貴,家人朋友也有自己的事情要忙。既然如此,不在家的時候,就讓寵物保母機器人來提供你寵物住宿服務吧!寵物保母機器人服務周到,會幫你餵食小動物、讓牠們運動、逗牠們開心——最重要的是,確保牠們安全活到你回來為止。它什麼都能照顧,無論是竹節蟲、熱帶魚、蛇還是穿山甲。請注意,你或許不該養穿山甲當寵物啦。

如果你有很多寵物,請考慮多來幾臺寵物保母機器人。

蝸牛機器人

主要功能：
在庭院裡幫你用有營養的葉子餵蝸牛，這樣蝸牛就不會去啃你的花和蔬菜。

特徵：
越野型履帶、甲殼有美麗的幾何花紋、頭頂有兩顆漂亮的燈泡、手部安裝整合式切葉器。

尺寸：
比一般正常的蝸牛大。

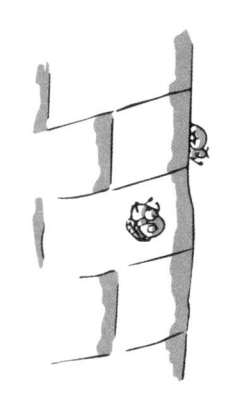

蝸牛是一種軟體動物,黏呼呼的、生長在庭院裡,不知道為什麼在許多國家被視為美食,但牠們可不是你的敵人。蝸牛是吃了你的甘藍菜、也會亂啃秋海棠沒錯,但這就是牠們生來唯一的任務啊。記得嗎?蝸牛是雌雄同體,因為要遇到另一隻蝸牛實在太難了,所以才被迫演化成現狀,好確保彼此相遇時都能參上一腳。因此,蝸牛機器人會保護人人喊打的可憐蝸牛,用葉子或其他蝸牛可能會喜歡的植物(例如紅蘿蔔)引誘牠們離開,待在安全的地方。這樣蝸牛就能安穩度過「牛」生,而你也能安心在庭院裡活動,因為可能會來煩你的軟體動物就只剩下鼻涕蟲了。鼻涕蟲不值得同情啦。

蝸牛機器人跟真的蝸牛一樣,也能在垂直的表面爬行,可能是用了磁鐵之類的東西。

蝸牛機器人也跟真的蝸牛一樣,會縮進殼裡。但方式不明。

小朋友機器人

躲貓貓機器人
沙堡機器人
搜妖機器人
氣球救援機器人
芭蕾舞機器人
充氣城堡機器人

我聽過一種說法，小孩子就是幼蟲階段的人類，跟成年人相比身形較小、能勝任的事情也比較少，行為又比較難捉摸。這只是開玩笑啦——我知道小朋友是怎樣一回事！雖然寫這本書的時候我本身沒有孩子、也沒打算要有，但許多人都覺得生養孩子是很有意義的經驗；而且透過養小孩達成人類的物種延續，當然也有其必要。

小朋友都愛機器人。雖然這本書（以及整個開發小機器人的計劃）並不是針對小朋友，但見過機器人的小朋友似乎都很喜歡它們。我實際測試過，給一位六歲的小朋友看小機器人的圖片，而他顯然覺得很有趣、很合胃口；儘管我有點難解釋某些比較成熟的機器人是做什麼用的。同時，小機器人的粉絲也希望我為他們的孩子畫一些機器人，甚至還給我看他們孩子自創的機器人。我很喜歡這些點子，只要收到這樣的圖，我就會把小朋友對小機器人的發想正式畫出來。因為我這個人外表雖然是個大個子，其實私底下也跟孩子一樣柔軟善感。

躲貓貓機器人

主要功能：
逗寶寶開心。

特徵：
聲調使人平靜、包覆式轉輪葉片能防止寶寶受傷、雙手完全不透光。

尺寸：
同齡中第五十百分位。

寶寶是讓小機器人感到非常困惑的生物，因為寶寶又小又軟綿綿的，但機器人一誕生就是成年體型（巨人機器人除外，它實在太巨大了）。對照顧者來說，寶寶有時候跟大人一樣難搞，因為他們會不斷咿咿呀呀地表達需求、但又讓人聽不懂。還沒學會說話的幼兒，脾氣說變就變；即使照顧者再有耐性，也無法時時刻滿足他們，因為大人也有自己的需求。躲貓貓機器人會幫你轉移寶寶的注意力，反覆遮臉又露臉地逗小孩，讓大人能偷空去一下廁所、給自己倒杯飲料、洗把臉、或單純坐下來一分鐘喘口氣。

啊哈！我一直都在這裡唷！

有時候會不小心造成反效果。寶寶是很喜怒無常的。

沙堡機器人

主要功能：
幫你一起堆沙堡。

特徵：
強壯的手臂、機體內部防刮、握柄適合孩童使用、真誠熱情。

尺寸：
一個（小型）水桶大小。

在沙灘上構築堡壘可是很嚴肅的事，無論是為了防範入侵者伺機劫掠作物，還是為了阻止長著大鬍子、野心勃勃的歐洲獨裁者；或單純是小孩子在幻想，以為那軟弱的泥土防禦工事就能擊退海上攻擊。沙堡機器人主要是為了第三種而設計，它會籌劃整起行動，先按照自己的外型製作出沙堡形狀，再用沙子裝滿機體內部、然後平穩地跳來跳去構築工事，一粒沙子也不會灑出去，完成了豪華的沙堡之後再跳離。一座龐大的防禦系統轉眼間就在岸邊布妥，證明了自動化機械在軍事行動中發揮的威力。

沙堡可不只是好看而已——如果敵人體型夠小，有時候沙堡是真的可以派上用場，堅固禦敵。

搜妖機器人

主要功能：
搜妖機器人很勇敢，會檢查小孩的床鋪底下有沒有妖怪。

特徵：
自衛程式經過調降、演算法能辨識妖怪、自備手電筒。

尺寸：
小小的、鑽得進床鋪底下，但又大到能處理在床底發現的任何東西。

躲在暗處的妖怪、哥布林、食屍鬼、蠢蠢欲動的幽靈、會咬人的殭屍、貴族小吸血鬼、滿口尖牙的八爪口水怪，小朋友最怕這些東西了。通常父母只需要安慰一下、告訴他們不用怕，小朋友就能消除恐懼；但對特別容易焦慮的孩子來說，搜妖機器人能保證床底沒有妖怪，為小朋友增加額外的安全感，讓他們甜甜入睡。它會鑽到床墊下、也會深入床底搜查幽暗隱密的角落，看看有沒有妖怪潛藏的跡象，例如啃過的骨頭、黏液痕跡或一團團軟殼卵囊。只要發現了成形中的妖怪偽足、踢擠著軟趴趴半透明的卵囊外層，機器人就會驚慌地發抖；假如確認了沒有妖怪的蹤跡，搜妖機器人會向小朋友回報，告訴他們不用擔心。接著它會站崗一整夜、保持警戒，確保沒有觸角、尖牙、毛茸茸的大爪子、甲殼類動物的眼柄之類的東西，在陰暗中偷偷摸摸靠近。但這些東西從來沒出現過，也許正是忌憚搜妖機器人吧。

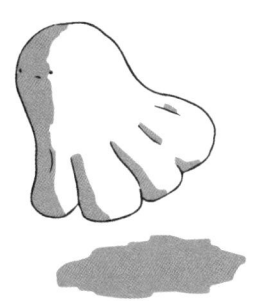

搜妖機器人和幽靈機器人是天生絕配。它們在走廊上擦肩而過時，會互相交換訊息。「今晚有看到任何東西嗎？」「沒有喔。」「我也沒有。」「好的。那就明天再看看吧！」

搜妖機器人喜歡幻想：萬一真的抓到妖怪的話，要怎麼給它點顏色瞧瞧。

氣球救援機器人

主要功能：
氣球救援機器人會噴射出去，把飄走的氣球追回來。

特徵：
嵌入式噴射背包、反應迅速、態度積極願意做事。

尺寸：
很輕巧，以便噴射背包能順利發揮功能。

對小朋友來說，還有什麼比氣球飄走更心碎的事呢？是有啦，但氣球飄走還是很讓人難過的。氣球救援機器人設計的初衷，不是供私人使用（畢竟，一個小朋友是能多常飄走氣球呢？），而是由地方政府掌管、在行政區內到處巡邏用的。氣球救援機器人眼睛很尖，只要一發現有氣球飄到超過二層樓高，就會立刻跳出來行動。它劍及履及、見義勇為，就跟蝙蝠俠一樣，只不過救的是氣球。而且氣球救援機器人也跟蝙蝠俠一樣，有一位勁敵——那就是氣球機器人。它們倆之間有一種微妙的瑜亮情節，互有嫌隙但又惺惺相惜。

噢不～～～飛走了！

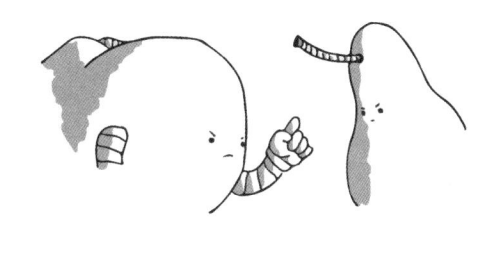

戰爭一觸即發……

芭蕾舞機器人

主要功能：
如果送孩子去上芭蕾舞課太燒錢，那麼這位姿態優雅的小機器人可以為孩子進行扎實的基礎教學。

特徵：
有手腳、身體是圓球狀、動作輕快靈活，穿著可愛的芭蕾舞裙和芭蕾舞鞋。

尺寸：
穿上芭蕾舞裙後穠纖合度。

踮起腳尖表演芭蕾舞，是許多孩子的夢想。可惜，芭蕾舞的學費、裝備與腳不慎受傷時的矯正手術所費不貲，就連口袋很深、願意栽培小孩的家長，都未必付得起。芭蕾舞機器人致力於普及這項優美精深的藝術，讓你用負擔得起的學費，教小孩跳芭蕾，說不定他／她會是下一位尼金斯基或帕芙洛娃呢（我說的是芭蕾舞者帕芙洛娃，可不是帕芙洛娃蛋糕哦——那是另一種機器人負責做的）。此外，芭蕾舞機器人本身也會表演舞蹈給人欣賞，它優雅美麗的舞姿將讓你驚嘆不已。

哎呀！跌倒了！　　　　　　　　　　　哎呀！又跌倒了！

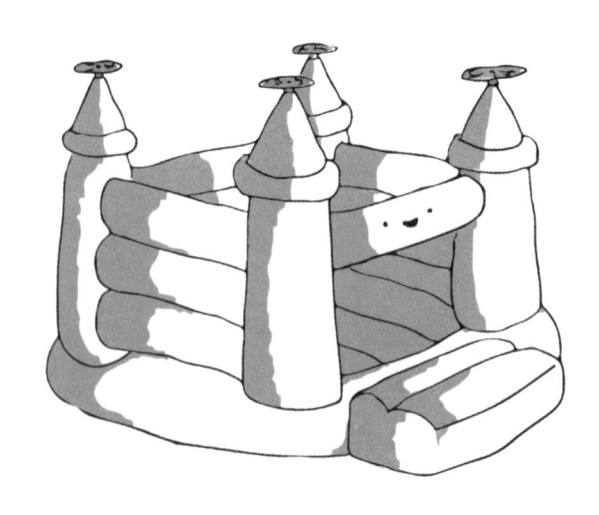

充氣城堡機器人

主要功能:
舉辦戶外派對的時候,如果運氣好,也許會看到充氣城堡機器人來到上空盤旋,找個地方停留幾小時然後再離開。

特徵:
塔樓頂端有裝螺旋槳、柔軟的庭院、壓陷後會緩慢回彈的軟軟城垛。

尺寸:
以城堡來說規模算小。

充氣城堡機器人會在天空中四處漫遊，尋找哪裡有兒童聚會、烤肉派對和園遊會。吸引充氣城堡機器人接近的演算法，是最高的商業機密；但對小機器人狂熱者來說，若能成功招來一臺充氣城堡機器人落地，無異於被認證為「小機器人使用達人」一樣光榮。不過啊～除非有歡樂的派對可以享受一下，否則充氣城堡機器人是不會久待的，因此招它下來最好不是只為了多解鎖一項使用機器人的成就，否則就會惹它生氣。只要足夠誘人、能吸引它下來，充氣城堡機器人將會是露天派對裡的靈魂人物，讓大家都能盡興地享受彈跳樂趣、玩上幾小時。就算小孩子不小心在上面嘔吐了，它也不介意；但如果能在小機器人離開前幫它用水沖洗一下，它會很高興的。

要脫鞋呦！

再見，充氣城堡機器人！

女性主義機器人

嗆聲機器人
口袋機器人

利用畫小機器人來傳達關於女性賦權的正面訊息，這件事我從沒猶豫過。而這些小機器人，必然會體現我個人所信奉的理想——我認識許多堅強又鼓舞人心的女性，作為她們的丈夫、兒子、繼子、女婿、孫子、姪兒與朋友，使我成為了如今的女性主義者。小機器人們承襲了我的信念，任何歧視都會讓它們小小的處理器感到困惑，就連不是刻意設計來對抗父權體制的小機器人，骨子裡都是反對父權的。

所有藝術都離不開政治的意涵。一項作品必然建構於社會脈絡之中，兩者是無法切割的；即使是嘗試切割，本身也是藝術的政治表達。請捫心自問：假如你試圖把某件事去政治化，你想要抹去的聲音是哪些呢？你認為哪些訊息「就是帶有政治意味」？為什麼呢？小機器人系列深受我個人信念的影響，這件事我從不後悔；而對於不同意我某些立場的人，我的態度一向坦白：沒有人強迫你來欣賞我的藝術，所以如果你不喜歡我的作品，你大可以離開。如果你在性別平等議題的立場，跟我和大部分明理的人有分歧，那是你的問題，不是我的問題。

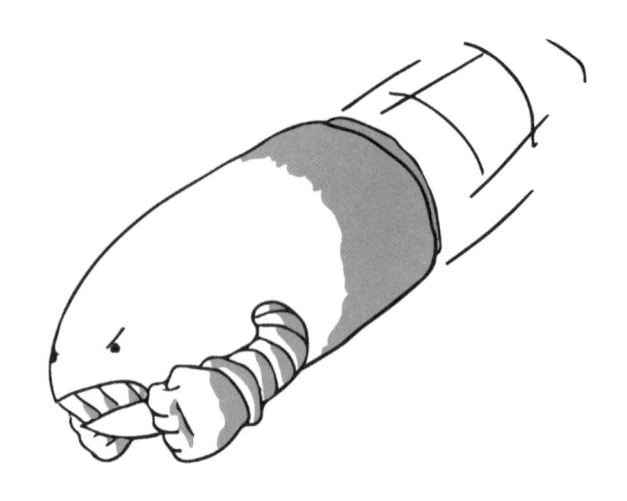

嗆聲機器人

主要功能：
嗆聲機器人會反嗆那些在路上言語騷擾陌生人的男人。

特徵：
長脈衝飛行渦輪、頂端以鈦材質製作、超聲波指向性聽力、脾氣火爆。

尺寸：
比目測來得重。

有些男人會在公共場合,無緣無故對毫無瓜葛的陌生人隨便言語性騷擾,沒有人知道他們到底為什麼要這麼做。專家們曾經試圖設計機器人來找出原因,可惜未果。這些男人究竟為何要做這些毫無意義、又顯然超討人厭的行為,至今仍沒有任何一臺機器搞得清楚;每次想要嘗試釐清,可憐的機器就會轟一聲地爆炸。因此,我們改從另一個角度著手這個問題——一個從高空往下俯衝、比較陡的角度。反嗆機器人雖然外型看起來像飛彈,但它們其實不會爆炸(而脾氣可就跟炸藥一樣了),不過衝擊力道頗強。目前為止,只要見識過反嗆機器人威力的街頭騷擾噁男,還沒有敢再犯的。大部分壞蛋都後悔不已,因為反嗆機器人會狠狠教訓他們,打得他們滿地找牙、瞬間清醒。

反嗆機器人會成群結隊在都會區空中巡邏,側耳聆聽下方街道有沒有「喲呼!照過來!」和「水喔美女~~~」這些疑似(被)性騷擾的話。

口袋機器人

主要功能：
口袋機器人是一種可攜式口袋，可以附在不知何故沒有設計口袋的衣物上。

特徵：
抓握處可鎖住、內部不會起毛球、防潑水機能科技、公開支持女性主義。

尺寸：
一個口袋大小。

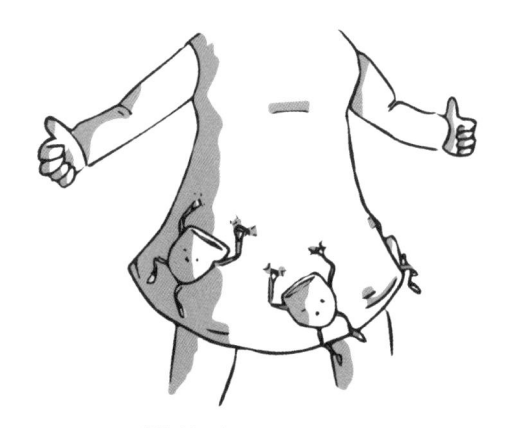

妳是否因為身處父權社會,被迫只能買口袋小到不能用、甚至根本沒有的衣服呢?口袋機器人讓妳藉由把口袋功能外包出去,來反抗霸權。只要把口袋機器人扣在腰帶或任何衣物上,就能享有超大的口袋空間,而且儲物安全度跟內縫式口袋比起來,有過之而無不及。妳不必再另外帶手提包、也不用再請男友幫忙保管手機,更不需要再受限於小不啦嘰、常見於女性長褲的口袋剪裁,手忙腳亂地在裡面掏來摸去了。在時尚產業覺醒過來、正視女性對口袋需求的那天到來之前,口袋機器人會竭盡全力,為女性解放貢獻一己之力。

「妳的洋裝好漂亮哦!」
「謝謝,這件洋裝有加裝口袋機器人喔!」

口袋機器人也可以用來裝其他小機器人喔!

無障礙機器人

剝皮機器人
緊急拉繩機器人
電擊機器人

這一類的機器人，當然是設計用來為身障人士提供無障礙輔助。科幻小說裡充滿許多對人造肢體的描述，這些人造裝置能跟血肉之軀無縫接合──也就是仿生學──而現實世界中，也有越來越多技術不斷被開發出來，以解決人們的需求。小機器人系列的初衷，並非特別針對這方面的議題；但隨著時間過去，非主流族群面臨的問題，逐漸成為這系列關注的焦點，其中便包括了身障族群。

小機器人三大準則的第一條，就是要「善良溫暖，關懷生活中各種小細節」。你可能會誤以為，這代表小機器人對每個人的態度永遠都很和善、很有禮貌。這是對「善良溫暖」的誤解，以為所有道德立場都是等值的。為了做到善良溫暖，有時候我們必須堅決強硬，用上手邊一切的資源來對抗殘酷。這意味著小機器人有時要採取完全的功利主義原則──亦即只有整體的結果才是最重要的，只要目的正當，可以不擇手段──而非字面上的「善良溫暖」那麼簡單。

剝皮機器人

主要功能：
幫你剝水果皮。

特徵：
經過強化的手指抓握力、四肢關節加固、內建能計算出最佳剝皮方式的植物資料庫。

尺寸：
大約是油桃果核那麼大——有點諷刺，因為油桃不需要剝皮。

關於超市貨架上那些已去好皮、包裝精美的水果，三不五時就會出現一些傳言。網友們看了，就會在社群媒體留言挖苦道：「果皮本身就是包裝了，到底是要包裝什麼啊？」邊打字還邊不以為然地翻白眼。哇塞～～～有夠酸！水果商一聽氣到吐血。可是等一下！麻煩再多想三秒鐘，各位酸民──不是人人都手那麼巧，能順利幫橘子剝皮好嗎？有些人基於健康因素、活動能力受限、抓握不夠穩定、有疼痛感、或其他一千種可能性，導致剝起水果相當費力。去皮水果盒明明有其市場需求，但社群媒體上對這種產品卻有諸多批評，導致它在市面上越來越少見。有鑑於此，我們設計了剝皮機器人。它的功能就是在你需要剝水果皮時為你代勞，就這麼簡單。

這是荔枝，有點像葡萄和穿山甲的混種。

緊急拉繩機器人

主要功能：
如果有人把無障礙廁所裡的緊急拉繩綁了起來，機器人會幫你解開。

特徵：
靈巧的手指、高機動性螺旋槳、超強的正義感。

尺寸：
小小的但很強壯。

無障礙廁所內的緊急拉繩可是救命設備：假如有人跌倒了，他們要拉得到繩子，才能呼叫救援。但工作人員常因為覺得拉繩礙手礙腳、或為了打掃廁所，而把繩子綁起來。事實上，繩子的拉柄應該要觸及地面，使用者才能在任何緊急狀況下都拉得到。萬一你有困難，可以請緊急拉繩機器人幫你解開綁住的繩子；也可以差遣它一一檢查廁所，一發現有繩子綁住就將它解開，方便之後的如廁者使用。不過，不是每個人都擁有一臺緊急拉繩機器人；如果你沒有的話，也應該留意並設法改正這種情況。只要看到有拉繩被綁起來，就隨手解開；可以的話也向工作人員通報，好讓他們不再重蹈覆轍。

緊急拉繩機器人也會前往當地相關立法機關，向主管單位說明緊急拉繩需要隨時保持運作的原因。

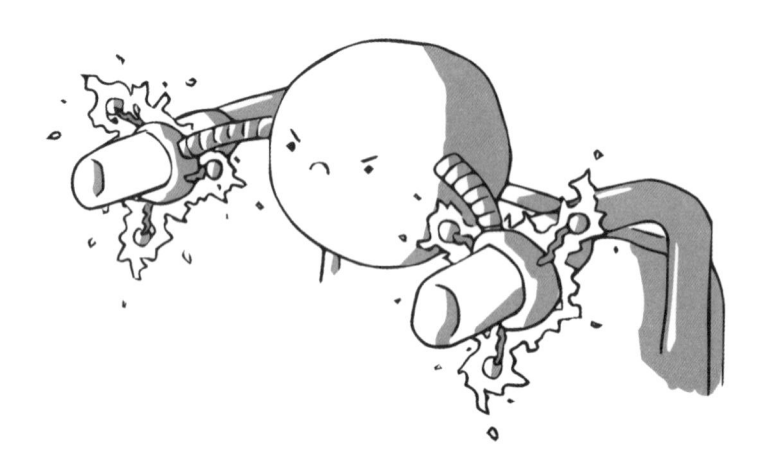

電擊機器人

主要功能：
電擊機器人會對付未經允許就擅自挪動你輪椅的人。

特徵：
會導電的附著扣環、自動充電電極、外表冷漠而內心憤怒。

尺寸：
能安裝在任何輪椅上。

我們相信本書的讀者絕不會隨意移動坐著輪椅的人，這種舉動很沒禮貌，就像我們不可能隨便亂拍陌生人肩膀一樣。畢竟，輪椅是一種行動輔助工具，目的是為了讓使用者享有自由、而非加以限制。在這個世界上，輪椅等同於使用者身體的延伸。即使我們一再宣稱重視身心障礙者的權利，但他們在社會上的生活空間受到壓縮也是不爭的事實，就跟其他弱勢族群一樣。如果你擅自移動身障人士的輪椅（當然你一定不會這樣做，我只是假設而已），無異於告訴對方「我不在乎你的身體自主權」、「為了我的方便，可以犧牲你的舒適」。如果你對擁有電擊機器人的輪椅族這樣做，那就準備好好被電一下吧。我只是假設一下啦，你知道的。

電擊機器人的電極和罩著絕緣手套的附著扣環都可以取下，以便安全攜運。

酷兒類機器人

出櫃機器人
性別機器人
迪斯可機器人

小機器人有一大優點，就是生心理上都沒有性別，這代表只要看到有人歧視跨性別或非異性戀者，它們就會覺得很困惑。歧視性別與性向完全違反了小機器人的三大準則，當然也與小機器人創造者的信念衝突（也就是我）。

為什麼稱為「酷兒」呢？這一詞在歷史上具有貶義，是用來貶低某些族群，但最近幾十年來被賦予了新的意涵，現在用來總括性別與性向光譜上所有的身分。對於「酷兒」一詞也被用來指稱異性戀跨性別族群，有些人頗有微詞，但我覺得這有點雞蛋裡挑骨頭。我本身就是個不符合傳統性別特質分類的人，我覺得酷兒這個詞很OK，比起眾多越來越拗口的代名詞和不斷增加的定義，酷兒沒有什麼不好。更重要的是，小機器人存在的目的，就是要為每個人提供一個正面的空間，無論他位在光譜上哪個位置；而且我也不想為了不同性別與性向的排列組合，刻意去做吹毛求疵的劃定區分。

出櫃機器人

主要功能：
在你出櫃的時候（無論你的性傾向為何），出櫃機器人會為你拜訪親朋好友，通知他們。

特徵：
完整的性傾向與性別資料庫、全球定位系統導航、寫得一手好字、超有耐心。

尺寸：
不會小到讓你忽略掉它的存在。

大部分思惟正常的人，都會同意現代社會其實沒有「出櫃」的必要——我們所愛的人，無論展現出何種性傾向與性別認同，都值得我們擁抱與接受，無須驚訝或嘀咕。但現實生活很少是完美的，我們的文化事實上就是異性戀本位主義，只有符合這個狹窄的標準，才會毫無異議地受到接納；任何稍有偏離的人，就必須忍耐撐過「向世界宣告我是誰」的儀式。不過，現在有出櫃機器人能幫你承擔重擔了。它會代表你一一去拜訪每位親友，向他們說明情況。出櫃機器人已設定好程式，熟知許多有用的定義與附加資訊，因此無論親友有什麼疑問，都能直接向機器人提問。如此一來，相同的事你就不必解釋五十遍，也不用再為了對象不同而費心調整說明方式了——出櫃機器人會耐心地反覆說明，多少次都不厭其煩；而且它的直覺超強，知道不同對象該如何說明才能達到最佳效果，例如曾對你開過恐同玩笑（但當時可能不知道你會不舒服）的兒時玩伴、還有你家裡問你電視節目上的女同志們「哪一個是男生」的老奶奶。

如果遇到特別蠻橫不講理的親友，出櫃機器人還會出動手偶，輔助說明。

性別機器人

主要功能：
性別機器人知道該用什麼代名詞稱呼你，同時也樂於修正。

特徵：
具有穩定功能的小火箭、反應極為敏銳、愛你最真實的樣子。

尺寸：
夠大，能堅定地表明看法。

社會正在改變。隨著大家開始在網路世界彼此分享經驗，人類複雜的性別身分光譜也受到越來越多關注與討論、分類也越趨細密。許多人長期苦於缺乏描述自身感受的語彙，如今發現原來身旁存在不少相關社群，能給予自己建議與支持。過去社會對性別的傳統概念，已經不足以描述我們的樣貌。性別機器人是很有用的工具，能引導你走過這個歷程：在經過一小段校準分類時期後，它會瞄準你希望別人對你的稱呼，即使連你自己都還不太確定。而隨著你的成長改變，它也會有所調整。性別機器人的理解力和同理心，也會延伸運用在你周遭的人身上，避免別人誤判你的性別。

不是人人都對性別很有概念。
沒關係，性別機器人幫得上忙。

另一方面，那些無意理解、存心找碴的人，
性別機器人才懶得理會。

迪斯可機器人

主要功能：
迪斯可機器人是所有迪斯可舞廳的靈魂人物。

特徵：
磁吸式天花板固定鉗、360度全方位旋轉功能、外型閃亮耀眼、喜愛夜生活、不扭一扭跳幾下就腳癢。

尺寸：
一顆迪斯可閃光燈球那麼大。

很多人都說迪斯可已經是時代的眼淚，他們錯了。至少，只要有迪斯可機器人在，迪斯可就從來不曾、也永遠不會過時。只要把它掛上天花板，每一晚都是迪斯可之夜：來點燈光、再來點經典的四拍節奏，迪斯可機器人就能立刻改變氛圍，化平凡為神奇。只要有它在，歡樂的派對便能信手捻來；就算沒特別做什麼事，迪斯可機器人本身就自帶特殊的愉快氣氛，現場立刻就被動感注滿。燈光更加閃耀、節奏共鳴更強；歡笑聲響徹舞池、煙霧氤氳繚繞。大家高舉雙手，舞動著、搖擺著，所有煩惱彷彿一掃而空。只要迪斯可機器人一出馬，你就會忍不住隨著它手舞足蹈，心情也彷彿隨著七〇年代音樂進入另一個時空，自然而然輕鬆了起來——那是個充滿希望與可能性的年代，在八〇年代的挫折崩毀到來前，大家的內心曾經滿懷期盼。

迪斯可機器人完美達成任務。

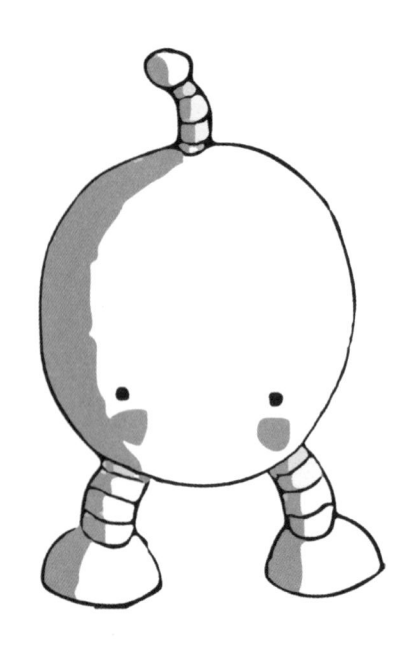

害羞類機器人

名片機器人
派對機器人
衣服尺碼機器人
阿宅機器人
體育競技機器人
邀約機器人
分手機器人

跳舞機器人
加油機器人
禮賓機器人
雷包機器人
大聲公機器人
桌遊主持機器人
投訴機器人

接下來這部分會出現一些非常受歡迎的小機器人。我用「害羞」這個字眼，來概括一系列障礙和神經過敏症狀：包括社交恐懼、迴避型人格障礙、反社會行為⋯⋯等數十種；另外還有接觸陌生人時會有點緊張、但對生活品質的影響還不到疾病程度。克服這類問題正是小機器人拿手的事，許多人都從一系列害羞類機器人身上得到莫大安慰，儘管它們只是電腦上的幾張圖和幾個字（現在則是一本書了）。

我之所以畫了這麼多害羞類機器人還有另一個原因，那就是我本身也苦於焦慮和廣泛性社交恐懼症。我一下子難以跟陌生人建立連結、一下子又像過度補償似地活潑過頭，一直在這兩種狀態之間擺盪。這種狀態有點像隻小狗狗，雖然我受過的如廁訓練稍微好一點。我畫的這些機器人，大部分是因為我自己很需要它們，沒想到發表後，才知原來其他人都心有戚戚焉！這讓我突然自信心大增，大概維持了七分鐘左右吧。

名片機器人

主要功能：
在社交場合時，名片機器人會在你肩頭盤旋，幫你記住每個人的名字，
方便稍後稱呼。

特徵：
螺旋槳有避免干擾交談的擋板、臉部辨識協定、精通速記。

尺寸：
不會礙手礙腳打擾你社交，別擔心。

想像一下這個畫面：你人在一間酒吧（假設是威爾斯亞伯立斯威大學的學生會酒吧好了，以免引起爭論），身旁坐著當時的女友。這時有兩個之前修課認識的同學瞧見了你，便跑過來一起坐。接下來半小時，你跟他們喝著飲料閒聊、也沒介紹女伴給對方認識，假裝一切都很自然，因為你壓根忘了他們叫什麼名字——忘得一乾二淨，毫無半點印象。說不定，你從頭到尾就沒記住過吧！？想辦法搞定物理學（或任何其他課程，隨便啦）已經夠讓人頭大了，也許大家一開始就忘了互相自我介紹。雙方度秒如年、努力保持禮貌聊天，好不容易你終於把飲料喝完，告辭離開。離開後，你女友問：「他們到底是誰呀？」「我不知道，而且永遠不會知道」，你老實答道。假如你有名片機器人，以上這些假想的情景全都不會發生，你也不用在十年後（舉個例）還苦苦想破頭了。

有一個是不是叫 Steven 啊？有可能喔！名片機器人，那你當時為什麼不拿出卡片提示？你知道的，就是我剛剛說的那個假設性故事。

名片機器人遇到另一臺名片機器人的時候，它們的功能也一樣有用。

派對機器人

主要功能：
在你心情不好或是對出門聚會卻步，但還是希望朋友知道你很關心、也很感謝他們的時候，派對機器人會代表你參加派對。

特徵：
酷愛狂歡作樂、程式中設定了有限的閒聊能力、戴帽子很好看。

尺寸：
有存在感，但不會過度搶鋒頭。

朋友一心為了你好，惦記著你、希望能陪陪你，因此邀你出來走走。雖然知道他們是一番好意，但有時候你就是沒心情去出去玩。你不想讓任何人失望、也不想讓朋友覺得吃了閉門羹，此時派對機器人就派得上用場。派對機器人會參加聚會、在那邊樂一樂，這樣至少名義上你是有出席的。派它去參加，表達了你很感謝邀請、不想讓大家失望，更不希望你的缺席打壞了聚會的興致，只不過你得先照顧好自己的健康。大家都會跟派對機器人玩得很開心，雖然樂趣還是比你親自到場少了那麼一點點。

最近有辦公室聖誕派對嗎？這種聚會足以讓任何人焦慮症發作。

另一個優點是，派對機器人還會忍受你朋友喝醉時荒唐的行為。但只能忍耐一下下。

衣服尺碼機器人

主要功能：
衣服尺碼機器人能判斷一件衣服你穿起來合不合身、好不好看，不需要你親自試穿。

特徵：
完整內部 3D 建模軟體、自動測量視覺接收器、流行時尚資料庫自動更新功能、擅長辨識顏色。

尺寸：
每家店的機器人大小都相同。

買衣服大概是某個殘忍無情的神,不知怎地就是想讓容易害羞的人難為情,所發明出的一種神聖處罰。衣服的尺碼根本沒有固定標準,而試衣間就像一座殘酷舞臺、總能激發自我厭惡;你在櫃檯結帳時,卻發現店員身上樸素的黑色制服,穿起來似乎都比你正遞過去買單的昂貴上衣還好看(而且店員沒怎麼想掩飾心裡的鄙夷)。這個窘境到底該怎麼解決呢?跟很多事情一樣,答案是自動化機器人。衣服尺碼機器人會低調地掃描好你的身型,接下來只要你拿衣服給它看,它就能判斷衣服是否合身、穿起來的樣子你喜不喜歡。它最重要的任務,是確認你穿上新衣後能感到舒服有自信。從此以後,你不需要再注意尺碼、也不必再拿衣服往身上比劃了,甚至連試衣間都不用靠近。就讓衣服尺碼機器人幫忙挑出適合你的衣服,把購衣的恐懼統統拋到九霄雲外。

12 號?14 號?16 號?連單位都沒有,只有數字而已!衣服尺碼機器人是講究邏輯的,對這種愚蠢的標碼方式很不以為然。

哈囉,美女!
噢,這套穿起來蠻好看的哦!

阿宅機器人

主要功能：
阿宅機器人會告訴你許多阿宅冷知識，讓你跟同事朋友閒聊時能侃侃而談，彷彿很懂當代流行文化。

特徵：
熱愛鑽研冷僻嗜好、閱讀速度飛快、酷炫的尖頭鞋。

尺寸：
頭戴一對動漫貓耳，很剛好。

隨著許多小眾愛好逐漸成為顯學，似乎人人都得開始對巫師啦、太空船啦之類的東西略懂一二，否則在辦公室、公車站、三溫暖好像就跟不上話題了。不過，只要在聊天前向阿宅機器人討教一下，就能把這段時間遺漏掉的媒體夯話題惡補起來。你很快就能滔滔不絕，大聊《星艦迷航記》哪個系列最精采（我告訴你啦，答案是《銀河前哨》系列）。

《星際大戰》裡頭有光劍，
《星艦迷航記》則充滿了對社會的隱喻。

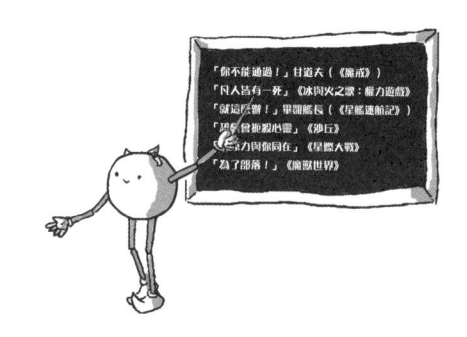

現在你知道他們在講什麼了吧！

體育競技機器人

主要功能：
體育競技機器人會告訴你許多運動相關知識，讓你跟同事朋友閒聊時能侃侃而談，像個普通人一樣。

特徵：
熱愛鑽研特殊運動、立體感視覺能同步觀察整個球場的動靜、穿著很帥的運動鞋。

尺寸：
頭戴棒球帽，顯得剛好。

雖然小眾愛好逐漸浮上主流檯面（也因此我們設計了阿宅機器人），不過現代社會中，聊天話題很大一部分仍繞著運動打轉，大家或討論、或辯論，有時甚至會吵起來。說穿了，體育競技是一種昇華過的暴力形式，由一群人代表特定地區，透過從事劇烈運動進行競爭。但你若是門外漢，看起賽事難免一頭霧水。運動競技機器人能提供所有你需要的資訊，讓你聊起運動頭頭是道，彷彿專家似的。有了它，你就能跟別人討論誰是足球場上的黃金腳、誰在打擊區內棒子最火燙、或誰才是稱霸田徑場的地表最速男。

一種運動常有趁唱國歌時進行陳抗的爭議，另一種則有類固醇相關爭議。

比起用調味罐示意球員位置，我這樣解釋好多了吧？

邀約機器人

主要功能：
邀約機器人會代你出面邀別人出去，如果你自己不好意思開口的話。

特徵：
禮貌周到、態度親切、個性活潑。

尺寸：
不會小到被人忽略、也不會大到讓人有壓迫感。

約會的世界很困難。尤其在焦慮爆表的現代社會，要鼓起勇氣、開口問一位有好感的陌生人，願不願意找一天和你一起去吃個東西，更是難上加難。邀約機器人就是在這時派上用場的：它會飛到你心儀的對象面前，用「我朋友喜歡你」那種經典臺詞提出約會邀請。最重要的是，同一個對象它只會接近一次。它不是那種糾纏不休的機器人，讓你用來不斷騷擾公車上遇見的心儀女孩，懂吧？

成功了！邀約機器人帶著肯定的答案回來了！你這小子，還真幸運呀！

噢不～～～～被拒絕了！邀約機器人回來時意味深長地聳聳肩、說了幾句安慰的話。

分手機器人

主要功能：
情侶分手時，尷尬棘手的事情——例如，把東西還給對方、刪掉電話號碼、通知共同朋友等等——就交給分手機器人來做吧。你和前任彼此的分手機器人會通力合作，儘可能減少分手過程的痛苦；完成任務後，它們也會分道揚鑣。

特徵：
對你有哪些個人物品及其去向瞭若指掌、字跡工整、不會過度感性。

尺寸：
很低調，不會太唐突張揚。

分手並非易事，我們都懂，但你必須割捨過去、邁步向前。你已經承受了心碎，何必再用難受的瑣事影響自己，讓傷口癒合得更慢呢？分手時乾脆俐落一點，對雙方都有好處，這個忙分手機器人能幫得上。每一段戀情，它都會全程跟著你，並跟你另一半的分手機器人聯絡共事（如果對方也有分手機器人的話）；一旦關係開始生變，它們就會著手介入。假如只有一方擁有分手機器人，機器人則會直接去找對方，溝通相關事宜，這樣至少比傳簡訊來得好。當然，最理想的情況是雙方的分手機器人互相合作（如果是複雜的多角戀，那就是多方合作）、迅速完成任務，避免兩方發生任何口角或互相指責，好讓你順利揮別過去、繼續往前邁進。

戀情剛萌芽時，雙方的分手機器人會私下碰面、互相自我介紹，並表達希望可以不用再見到對方。「這次說不定會修成正果喔！？」

而要結束合作關係、分道揚鑣的時候，分手機器人自己也會有點五味雜陳，亦喜亦憂。

跳舞機器人

主要功能：
開派對的時候，如果大家都很害羞，跳舞機器人會率先帶頭開舞。

特徵：
陀螺儀輔助平衡功能、四肢關節可全方位旋轉、雙腳抓地力特強、會打響指、很有節奏感。

尺寸：
稱霸舞池。

倒立！

月球漫步！

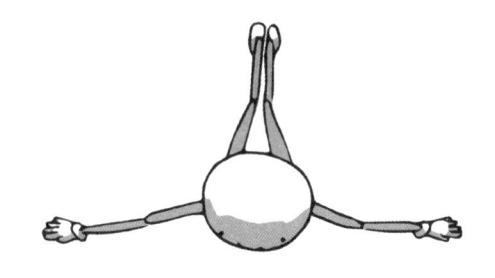

蠕蟲舞！

開派對囉～跟著跳舞機器人動起來！沒有人想當舞池裡第一個開舞的人，因為當別人都還在斯文地啜著飲料，只有自己一個人跳下去扭來扭去，感覺好像傻瓜。但跳舞機器人才不在乎呢！一說到跳舞，它可一點都不害羞──理由可充分了，因為它是位出色的舞者。跳舞機器人內建完整程式，囊括了幾乎所有你想得到的當代舞風，也能根據沒聽過的歌曲即興創作舞步。它很享受成為社交場合矚目的焦點；事實上，在派對上跳舞就是它唯一的天職，因此每當夜晚接近尾聲，想把它拖離舞池還很難呢。就連沒在跳舞的時候，跳舞機器人也總是蓄勢待發，腳打著拍子、手彈響指，輕輕地搖擺。只待音樂一下，它就立刻跳進舞池。

加油機器人

主要功能：
如果你很關心的人自信心受挫、心情低落，就派加油機器人替你告訴對方，你覺得他們很棒。

特徵：
熱切真誠、態度積極、調整型辨識矩陣、能快速存取形容詞最高級資料庫。

尺寸：
寬寬大大的。

加油機器人深具慧眼，能看出每個人的獨特之處。如果派它去朋友那裡，它會在自我介紹後迅速認識對方、了解他從事的活動。它很快就會成為對方最堅定的粉絲，喜歡他的興趣、支持他的計劃，對他生活中任何小事都感到好奇。而且加油機器人可不是淨講好聽話的嘴砲仔；它很真誠，不會假惺惺地天花亂墜。加油機器人就是發自內心欣賞每個人和他們所做的事，並忠實地讓這些人知道自己的感受，就算那只是來自它處理器產生的電腦化熱情。

老弟，你超棒！

連對方平常聽什麼音樂，它都有興趣聽一聽喔！

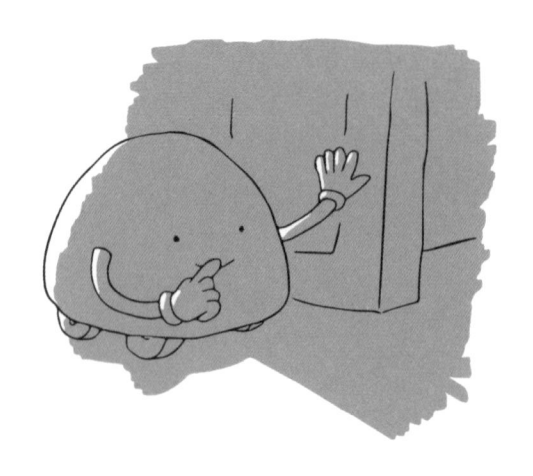

禮賓機器人

主要功能：
無論是你去作客還是有人來作客，禮賓機器人都會在客人留宿的第二天早上，幫忙掌握主人或賓客的情況。其他人起床了嗎？在等你吃早餐了嗎？會有人端茶來給你嗎？如果你穿著內衣走出房間，會有小孩子被嚇到嗎？

特徵：
跑動時很安靜、能依當下情境做判斷、先進的錄放功能、會爬樓梯（雖然不曉得怎麼辦到的）。

尺寸：
小小的，進行查看時不會太引人注意。

啊啊啊～～～躺在被窩裡、知道屋子裡有其他人在的感覺，實在太難熬啦！他們在做什麼？已經起床了嗎？剛剛那是人家起床的聲音，還是只是去上廁所？有人在沖澡嗎？萬一沖澡時門沒鎖怎麼辦？等等……浴室會不會根本連鎖都沒有呢？如果我再不起床，人家會不會因為我延遲了早餐？我是不是賴床太久了啊？現在已經早上九點了，但我昨天晚上喝了一瓶半的紅酒，睡到現在應該還好吧？會有人端茶來給我喝嗎？他們幫我洗了換洗衣物嗎？如果待會下樓，發現東西已經全部整理乾淨，我會很內疚的！主人的小孩叫什麼名字來著啊？以上這些早晨的尷尬慌張，通通讓禮賓機器人來幫你解決。它會先去調查一下情況、回報給你，讓你有所掌握。然後你就能儀態從容、輕鬆地步下樓，像個最稱職完美的主人／客人（即使心裡其實七上八下的）。

好耶～～～有一臺端茶機器人過來了！
願你一路順利！

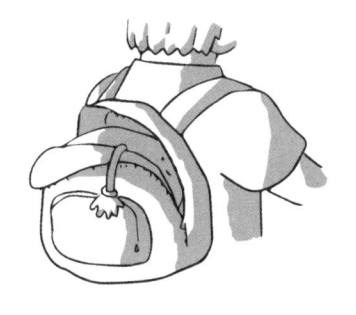

去別人家裡過夜，一定要記得帶上
禮賓機器人。

雷包機器人

主要功能：
體育競賽選隊友時，雷包機器人會代替你，當最後那個被選剩的人。

特徵：
協調性很差、沒有手、動作也很慢。

尺寸：
比大部分體育器材小。

競賽前選隊友,是很多人童年的噩夢,因為總有人要當最後被選剩的那一個。不過別擔心,只要有雷包機器人在,你再也不用面對這種尷尬了。雷包機器人在任何運動項目都很笨拙。它連手都沒有,因此表現有點受限;雙腿又細又長,踢球力道不夠,跳躍時通常也只會摔倒。沒有人想選雷包機器人當隊友,但不必為它難過,因為讓你免於難堪就是它的用途。

雷包機器人總是最後一個被選走的,有時候甚至沒人要選。它就倚著牆、或坐在露天看臺上,和其他女孩一起看她們的男友打球。

跟雷包機器人一隊的人通常會被同情,因為他們很衰。雖然有些隊友很希望這只是錯誤印象,但你看看!它真的蠻遜的。

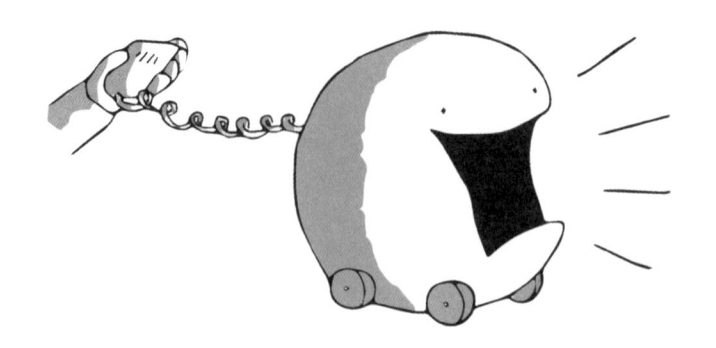

大聲公機器人

主要功能：
大聲公機器人會幫你擴音，而且很))))) 大))))) 聲)))))。

特徵：
有線聽筒、聲波放射凹槽、能依具體情況進行識別過濾。

尺寸：
説話中氣十足，個頭卻意外地沒有很大。

假如你嗓門很小，大聲公機器人可以幫你的忙。只要對著它附帶的聽筒說話，小機器人就會把你的話大聲複誦一遍。它不像其他擴音器，會有明顯延遲、唧唧叫的回授現象，也沒有劈劈啪啪的爆音，讓人發現你在用擴音器。你只會聽到自己的聲音，只是大聲很多。還有另一項巧妙的設計：大聲公機器人不僅僅是鸚鵡學舌，它能辨認哪些話是你希望它說的、哪些又只是你試圖釐清思緒時的自言自語、或是在跟附近的人講話。但再次警告，它真的嗓門很大，所以使用時要小心。

這個主意聽起來不怎樣。

桌遊主持機器人

主要功能：
擔任角色扮演型桌遊的主持人。

特徵：
加強型記憶核心，能追蹤玩家的生命值與狀態效果；會自動更新勘誤；完整的空間模擬處理器，能執行《心靈劇場》類型的桌遊；聲音表情豐富。

尺寸：
為了計算你的存在界域，可以忽略。

湊到咖一起玩桌遊、卻沒有人願意當地下城主（或遊戲主持人、說書人、裁判等）嗎？只要請出桌遊主持機器人，就能輕鬆有人幫你主持遊戲。它甚至有能力規劃一場完整的冒險，裡頭地圖和非玩家角色應有盡有。不過，要達到最佳遊戲體驗，當然還是使用預先寫好的模組為佳，因為小機器人的創意還是不及真人擔任的地下城主。大部分重要規則的系統──包含以前和現在的──小機器人都已設定好程式；如果是新的系統，它也能迅速搞懂。就連 2000 年代早期風行一時、那種很奇怪的敘述型桌遊，它也學得會。

「你坐在一家小酒館裡，此時一位神祕的陌生人悄悄接近了……」

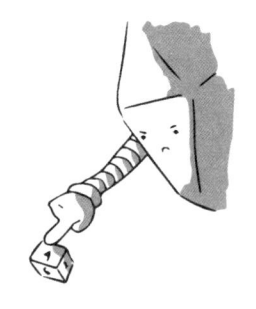

雖然桌遊主持機器人能精準地計算骰子機率、也很講究公平，但它也知道滿足故事敘述很重要。萬一擲骰結果會破壞遊戲樂趣，它很樂於對骰子稍微動點手腳。

投訴機器人

主要功能：
投訴機器人很有勇氣，勇於表達不滿。

特徵：
清嗓子聲音很大、自動揮手功能、個性果斷堅定。

尺寸：
跟它的聲音給人的印象比起來，個子偏小。

很多人都不喜歡和別人起衝突，尤其是在餐廳或商店這種公共場合。即使牢騷有理，要開口大聲說出抱怨，還是需要莫大勇氣。有鑒於此，我們設計了投訴機器人。這臺小機器人意志堅強、長袖善舞，很了解與人交涉的眉角：它永遠彬彬有禮，而且會記下投訴事件的來龍去脈。它會先做判斷、確定理由足夠充分，然後才去投訴；假如你要它去投訴雞毛蒜皮的小事、或根本只是在對無辜的員工發洩情緒，它可是會把砲火轉向你的。投訴機器人個性堅決、但也很重視公平，對負責處理投訴的人也會很有禮貌地道謝。

它也會幫忙退還貨品。

無論櫃臺有多高，投訴機器人都會毫不猶豫地爬上去，要求見店經理。

可憐類機器人

不OK機器人
允許機器人
安撫機器人
希望機器人

擁抱機器人
星期一機器人
陪伴機器人
守護機器人

可憐類機器人跟害羞類機器人一樣，也在大受歡迎之列。事實上，希望機器人和不OK 機器人分別是第一個和第二個問世的，那是在 2018 年夏天，小機器人世界盃舉辦的時候！在命名方面則採取跟害羞機器人一樣的概念，用「可憐」這個有點戲謔的字眼，來代表一些比較嚴重的情緒，例如憂鬱、絕望和悲傷。

我自己本身長期與憂鬱症對抗。我非常了解，這是一場永遠無法真正獲勝的戰役，但戰敗的方式卻有一百種。可憐類機器人是對我個人意義最為重大的小機器人，並同樣深受小機器人粉絲的喜愛。許多人都告訴我，可憐類機器人對他們有多重要；而知道有人從我的畫作中得到安慰，則反過來成為支撐我的力量來源。小機器人的宗旨是要解決日常生活問題，但所謂日常問題，並不只是那些平凡、現實的瑣事。對有些人來說，心理健康也是每天都要面對的挑戰，跟把東西從書架上拿下來是一樣的。

不OK機器人

主要功能：
讓你心愛的親友們知道，你現在狀況不 OK。

特徵：
用四隻腳走路、機動性超高，天線有導航功能，形狀適合依偎擁抱，走路時會咚咚響。

尺寸：
非常小。

心理健康出狀況時，如何開口向旁人談及此事是個棘手的問題；即使面對最愛你的人，通常也很難啟齒。把自己藏起來，不要跟別人接觸會比較輕鬆。不 OK 機器人會為你找到親友，告訴他們你目前狀態不佳。小機器人不會帶他們來找你，連你人在哪裡都不會透露──因為身旁突然冒出一群擔心憂慮的人，對病情一點幫助也沒有──但它會讓親友知道，你不是故意要忽略他們。一傳達完消息，小機器人就會返航回來陪你，亦步亦趨、面露關懷表情，需要時還會給你一個擁抱。

不 OK 機器人意志堅定、沒找到親友絕不罷休，會設法穿越途中的任何障礙，堅持不懈地一路小跑步。

另一方面，完成任務後回來陪伴照顧你，是它最心滿意足的時候。

不OK機器人鉤針織圖

設計：艾瑪・希斯曼杭特

這份織圖是以英國的鉤針用語撰寫。我沒有寫明密度，但要使用結實一點的材料，這樣裡面的填充物才不會跑出來。可視所使用毛線的粗細，自行斟酌調整，只需把握下針緊密的原則即可。

材料
- 輕量級灰色毛線兩種，一深一淺
- 3mm 鉤針
- 玩具填充物
- 縫眼睛／嘴巴用的黑色毛線（或 7mm 玩偶眼睛）
- 縫針

腿：用深灰色毛線，做 4 條
使用輪針，環狀起針 6 針
第 1 圈：（1 短針加針，1 短針）× 3 = 9 針

第 2 圈：每針短針加針，共 18 針
第 3 圈：（1 短針加針，2 短針）× 6 = 24 針
第 4 圈：每針 1 短針，共 24 針
第 5 圈：（2 短針，1 短針併針）× 6 = 18 針
第 6 圈：（1 短針，1 短針併針）× 6 = 12 針
第 7 圈：（4 短針，1 短針併針）× 2 = 10 針
第 8-12 圈：每針 1 短針

每隻腳掌都留一條尾端線（長一點），用來連接身體底座。塞入填充物。腿部要密實，才能支撐身體。腳掌完成時，稍微弄平一點。

身體：用淺灰色毛線，做 4 條
使用輪針，環狀起針 6 針
第 1 圈：每針短針加針，共 12 針
第 2 圈：（1 短針加針，1 短針）× 6 = 18 針
第 3 圈：（1 短針加針，2 短針）× 6 = 24 針
第 4 圈：每針 1 短針
第 5 圈：（1 短針加針，3 短針）× 6 = 30 針
第 6 圈：（1 短針加針，4 短針）× 6 = 36 針
第 7 圈：每針 1 短針
第 8 圈：（1 短針加針，5 短針）× 6 = 42 針
第 9 圈：（1 短針加針，6 短針）× 6 = 48 針
第 10 圈：每針 1 短針

第 11 圈：（1 短針加針，7 短針）× 6 = 54 針
第 12 圈：（1 短針加針，8 短針）× 6 = 60 針
第 13-32 圈：每針 1 短針

把線剪斷。

底座：用淺灰色毛線

第 1 圈：每針短針加針，共 12 針
第 2 圈：（1 短針加針，1 短針）× 6 = 18 針
第 3 圈：（1 短針加針，2 短針）× 6 = 24 針
第 4 圈：（1 短針加針，3 短針）× 6 = 30 針
第 5 圈：（1 短針加針，4 短針）× 6 = 36 針
第 6 圈：（1 短針加針，5 短針）× 6 = 42 針
第 7 圈：（1 短針加針，6 短針）× 6 = 48 針
第 8 圈：（1 短針加針，7 短針）× 6 = 54 針
第 9 圈：（1 短針加針，8 短針）× 6 = 60 針
第 10 圈：（1 短針加針，9 短針）× 6 = 66 針

線不要剪斷。把腳掌縫上底座，間隔要平均、不要太靠近邊緣。

腳掌縫好後，把底座和身體縫在一起（先同時穿過底座 1 針＋身體 1 針，然後鉤出短針）。底座和身體縫合一半時，把玩偶眼睛（如果有使用的話）裝在頭頂以下約 14 圈的位置，並確認眼睛有高於一雙腳掌。

繼續縫合底座。在身體下針的相同位置，鉤兩次短針，間隔要平均（底座針數多一點）。剩下幾針的時候，把填充物裝進身體。填充要結實，但不要塞到太滿；從外面應該要看不到填充物。

天線：用深灰色毛線
把三條毛線扭成一條，鉤 8 個鎖針。最後 2 針重疊縫進鎖針裡，做出一個小線球，然後縫到身體最上方。

縫上看起來心情不好的眉毛和眼睛（如果沒有使用玩偶眼睛的話），再縫一個嘴角下垂的嘴巴。

允許機器人

主要功能：
允許你善待自己。

特徵：
永遠（對你）心懷善意、始終（對你）保持樂觀、（對你的）信念堅定不移。

尺寸：
口袋大小。

善待自己,有時候不是那麼容易。感到傷心、害怕或生氣的時候,我們可能會充滿自我厭惡,認定自己就是那麼糟糕的人,無可救藥。允許機器人會打斷這種負面的念頭,告訴你要對自己仁慈一點、善待自己。如果你能公平地對待他人,那麼就該給予自己相同的尊重。

無論你去哪裡,都隨身帶著允許機器人吧!

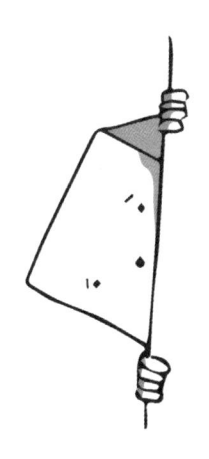

如果你沒帶上它——無論是不小心忘了、或是其他原因——它仍會在你需要它時出現⋯⋯

安撫機器人

主要功能：
安撫機器人是一位個頭嬌小、性格溫柔的朋友，會在你壓力過大時讓你平靜下來。

特徵：
令人放鬆的聲音、雙手大得出奇、非常愛你。

尺寸：
大到有存在感、讓人覺得安心可靠，但又不至於有威脅感。

當生活讓你焦頭爛額,好像同時有好幾道大浪向你打來、開始無法招架的時候,安撫機器人會伸出手,適時給你需要的援助。它無法替你解決身上的重擔,但能給你一個暫停與喘息的機會,深吸一口氣、閉上眼睛,先抽身退後一步。安撫機器人會溫柔地鼓勵你,給自己一點時間思考問題。它會請你坐下,然後跟你一起深呼吸,拍拍你的手,做任何你需要的事。它會面帶同情的微笑,摟著肩膀使你安心,還會輕輕哼歌讓你紓緩情緒。它知道生活難免遭遇波瀾,也知道沒有人能像變魔術一樣,一彈指就把問題和壓力變不見。但它希望你慢慢來,給自己一個再接再厲的機會,讓疲憊的大腦稍微休息、單純地感受自己的存在,一下子就好。眼前此刻,這樣就夠了。

來,讓端茶機器人給你一杯茶。
沒事的。

我們可以聊聊天、或一起看
《銀河前哨》,什麼都好。

希望機器人

主要功能：

當你陷入黑暗的低潮時，希望機器人會找到你，告訴你隧道的盡頭總會有光，無論未來看起來有多黯淡，你都能憑著努力走出一條路；只要還活著、就能有所作為，因為你有智慧、會思考，是宇宙對抗渾沌與失序的最後一道防線。起身向前邁進，存在就有意義。

特徵：

手提一盞不會熄滅的燈、矢志不移的精神、意志力堅不可摧、力量勢不可擋。

尺寸：

無限。

人生難免有低潮的時候。無論出於內在或外在原因、是情勢所逼抑或毫無來由，沒有人能一輩子順風順水。但這不代表低潮永遠不會過去。即使看似失去一切，我們依然擁有希望。期盼事情會好轉、期盼生活能恢復正常、期盼黑暗沒有全然吞噬光明──希望機器人能提醒你這些事。我們的小機器人能力上有其極限：它能解決日常的焦慮感、讓生活好過一點，但沒辦法排除對我們造成影響的實質問題。人類終究得自己負起解決問題的責任，而小機器人的功能是賦予人們力量，幫助他們改變、療癒、協助他人；支持人們崛起、堅持，並知道存在本身就是意義。

希望機器人的大小會隨當下需要而
伸縮，要照亮全世界也沒問題。

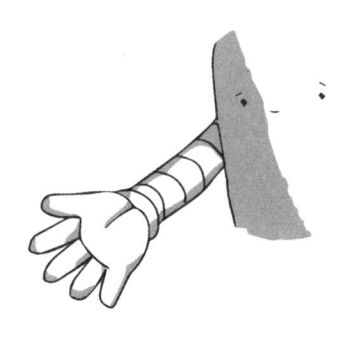

它會先幫助你站起來。
來，把手給小機器人！

擁抱機器人

這臺小機器人是應推友 @alienpmk 之請所設計。

主要功能：
擁抱機器人會抱抱你、或是依你的要求抱抱別人
（但一定會事先徵得同意）。

特徵：
表面柔軟宜人、自動關閉螺旋槳功能、機身散發微溫。

尺寸：
雙臂能環住任何需要擁抱的人。

有時候你需要一個深深的擁抱，偏偏身旁卻沒有人。這種時候，擁抱機器人就是你的好夥伴，能讓你心情好轉。它會輕輕、溫柔地抱抱別人，但只會對真的有需要的人——它可不是只知道一味服從的擁抱機器！事實上，擁抱機器人不是私人用具；它們會在天空中漫遊、搜尋需要擁抱的人，再大方地付出自己的愛心，讓對方振作起來。比較嚴重的情況，它們不會插手——例如擁抱機器人不會集體降落在天災現場、喪禮場合等等——但它們隨時都在，耐心地等待你準備好。

抱抱程式啟動時，擁抱機器人的螺旋槳會自動停下。這項功能是後續才研發出來的，第一代原型的抱抱效果，在測試時表現不太理想。

一群善良的擁抱機器人一起升空，到茫茫人海中搜尋下一個目標。

星期一機器人

主要功能：
週一早上如果覺得有點憂鬱，就讓星期一機器人去探望一下、陪陪你。
小小圓圓的機器人超級療癒，會讓你精神為之一振。

特徵：
日曆應用程式、擅長躲起來、圓滾滾的。

尺寸：
討人喜歡的球狀。

生活在現代社會，週一就是煩躁的來源。無論是枯燥耗神、但為了生計又不得不去的工作；還是又一輪稀奇古怪的聳動新聞，或是去上學（這個最煩）——週一早上對每個人來說都像地獄，只是形式各異。星期一機器人是為你減壓的好幫手，作用跟紓壓球類似，讓你由外向內紓緩壓力。它什麼都不做，就只是出現在你家，陪著你這裡晃晃、那裡逛逛，跟你作伴。這樣能轉移你對接下來一天的焦慮，給你空間好好深呼吸，做好準備再踏出家門。星期一是逃不掉的，但至少星期一機器人會陪著你。

週二到週日期間，星期一機器人去哪裡了呢？沒有人知道，但只要時間一到，它一定會準時現身！

現在請不要看新聞。
跟星期一機器人聊聊天吧！

星期一機器人鉤針織圖

設計：莎拉 · 潘佛德

這份織圖是以英國的鉤針用語撰寫。我沒有寫明密度，但要使用結實一點的材料，這樣裡面的填充物才不會跑出來。可視所使用毛線的粗細，自行斟酌調整，只需把握下針緊密的原則即可。

材料
- 輕量級毛線，可自行選擇你覺得療癒的顏色
- 4mm 鉤針
- 玩具填充物
- 縫眼睛／嘴巴用的黑色毛線（或 5mm 玩偶眼睛）

身體
第 1 圈：使用輪針，環狀起針 6 針
第 2 圈：每針短針加針，共 12 針
第 3 圈：（1 短針加針，1 短針）× 6 = 18 針

第 4 圈：（1 短針加針，2 短針）× 6 = 24 針
第 5 圈：（1 短針加針，3 短針）× 6 = 30 針
第 6 圈：（1 短針加針，4 短針）× 6 = 36 針
第 7 圈：（1 短針加針，5 短針）× 6 = 42 針
第 8 圈：（1 短針加針，6 短針）× 6 = 48 針
第 9 圈：（1 短針加針，7 短針）× 6 = 54 針
第 10 圈：（1 短針加針，8 短針）× 6 = 60 針
第 11-20 圈：每針 1 短針

在第 15 圈和第 16 圈之間縫上眼睛，雙眼間留下 8 針的空間。用黑色毛線縫上嘴巴，位置在雙眼之間下方 1 段的位置。

第 21 圈：（1 短針併針，8 短針）× 6 = 54 針
第 22 圈：（1 短針併針，7 短針）× 6 = 48 針
第 23 圈：（1 短針併針，6 短針）× 6 = 42 針
第 24 圈：（1 短針併針，5 短針）× 6 = 36 針
第 25 圈：（1 短針併針，4 短針）× 6 = 30 針
第 26 圈：（1 短針併針，3 短針）× 6 = 24 針

我在這裡就開始塞填充物，以免玩偶變得太小會塞不進去；但你可以視情況調整填塞時機。只要確保填塞夠密實、能維持形狀即可。

第 27 圈：（1 短針併針，2 短針）× 6 = 18 針

第 28 圈：（1 短針併針，1 短針）× 6 = 12 針
第 29 圈：（1 短針併針）× 6 = 6 針

留一條尾端線（長一點），然後剪線。用穿梭的方式，把尾端線藏進最後幾針的針目，然後收口縫合。這樣就完成身體了。

天線
第 1 圈：使用輪針，環狀起針 6 針
第 2 圈：每針短針加針，共 18 針
第 3-4 圈：每針 1 短針
第 5 圈：6 短針併針，共 6 針

填充天線

第 6-10 圈：每針 1 短針，共 6 針

留一條尾端線（長一點），以便與身體頂部縫合。

腳掌，做 2 隻
第 1 圈：使用輪針，環狀起針 6 針
第 2 圈：每針短針加針，共 12 針
第 3 圈：（1 短針加針，1 短針）× 6 = 18 針
第 4 圈：（1 短針加針，2 短針）× 6 = 24 針

第 5 圈：只挑起後半針來鉤，每針 1 短針
第 6-7 圈：每針 1 短針，共 24 針
第 8 圈：6 短針併針，共 12 針
第 9-11 圈：每針 1 短針，共 12 針

留一條尾端線（長一點），然後剪線。在腳掌內塞入填充物。把腳掌置於身體底部，雙腳間隔要平均，這樣娃娃才站得起來。把腳掌縫上去。

陪伴機器人

主要功能：
跟你作伴。

特徵：
雙腿可伸縮、天線有定位功能、個性親切隨和。

尺寸：
普通大小。

陪伴機器人能做的其實不多。它不會講笑話、不會端飲料來給你,甚至連丟球都不會(因為它沒有手臂)。但它很善於陪伴,會在你孤單難過、或單純需要有人陪的時候陪著你。如果你只是想看個電視打發時間,也完全沒問題。逛動物園呢?當然可以,它很喜歡烏龜,記得要選個有爬蟲館的動物園。去野餐呢?陪伴機器人是不吃東西的,但它喜歡坐在格紋野餐墊上,對野餐籃也很有興趣。無論你想從事什麼活動,陪伴機器人都隨時奉陪。

你在做什麼?看起來不怎麼有趣耶。

陪伴機器人也喜歡玩捉迷藏。只是它明顯比較擅長當鬼⋯⋯

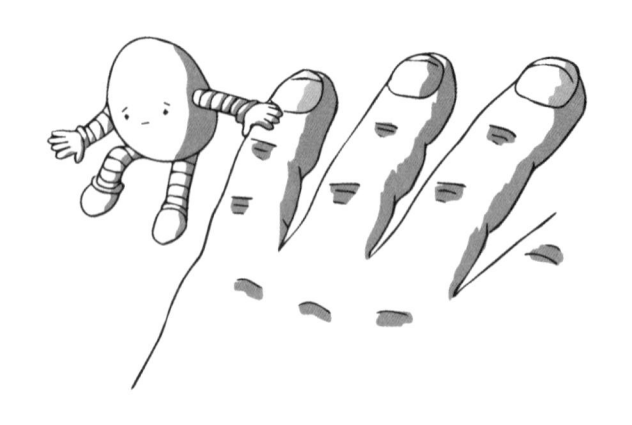

守護機器人

（內容警告：其功能與自傷相關）

這臺小機器人是應推友 @blauerSchlumpf_ 之請所設計。

主要功能：

隨時在身旁守護，阻止你做傷害自己的事。緊緊牽著你的手、讓你轉移注意力；用微笑安撫你，用心傾聽與理解，絕不批判。

特徵：

永遠充滿善意、無窮的耐心、堅定不移的支持。

尺寸：

小小的。

有些小機器人的存在目的比其他機器人來得嚴肅，守護機器人便是其中之一。如果你感受到自傷衝動，那麼守護機器人會是你需要的小夥伴。它能做的事情不多，就是單純地守候在你身旁。有時候這樣就夠了。

把守候機器人掛在鑰匙圈上吧！
它是一位可攜式良伴。

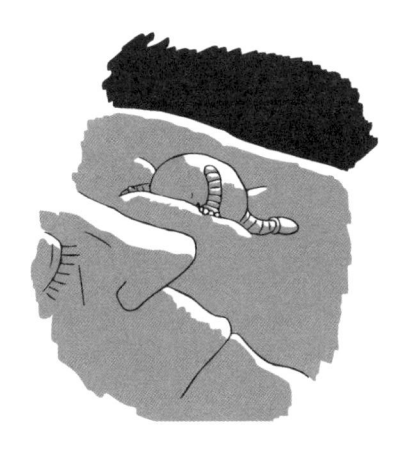

就算是黑夜裡，守護機器人也會
緊跟在側。

機器人管理類機器人

索引機器人
調停機器人
修理機器人

隨著小機器人的數量成長到某個程度，就不免需要再設計一些機器人來指揮、控制秩序。這就是機器人管理類機器人，亦即協助其他小機器人的小機器人。我把這一類小機器人留在書末，因為它們單獨來看沒什麼用途——你得先了解小機器人到底是怎麼回事，才會知道為何需要這一類機器人。

跟小機器人接觸久了，有些讀者變得對某些機器人特別有感情。每次收到他們傳來訊息、問我關於小機器人的問題，都讓我看得興味盎然。作為繪製的人，我自然有一定的權力，決定小機器人要擁有什麼能力、是怎樣的出身等等。但它們畢竟只是圖畫而已，我給出的答案，改變不了任何人的現實處境。一臺虛擬的機器人本來就會有解決不了的問題，讀者幹嘛要這麼認真呢？我一開始不太懂，但後來慢慢開始理解了：讀者都是不假思索地全盤接受了我幫小機器人設定的前提。這或許又是一個人類會依賴情境脈絡的例子：我們會直覺地順著敘述，得到描述者給予的結論，而不會停下來思考這個描述在現實世界中到底合不合理。

索引機器人

主要功能：
遇到問題了嗎？不知道該用哪臺小機器人幫你解決問題嗎？那就問索引機器人吧！這是一臺「能幫你找到機器人的機器人」！

特徵：
備有小機器人全目錄、了解所有小機器人的功能和限制、直覺化的介面設計。

尺寸：
相較其龐大的知識容量，體積算小的。

單單這本書裡，我們就收錄了一百種機器人，而沒收錄進來的更是不計其數。對新手使用者來說，要在琳琅滿目的小機器人中找到功能適合的，恐怕很令人頭大。沒關係，生活中遇到問題，標準解就是再設計一臺小機器人——因此我們才發明索引機器人，用來指引你找到需要的小機器人。只要向索引機器人發問，它會立刻告訴你該找誰當你的小救星；如果那臺小機器人剛好也在附近，索引機器人還會引導它展開行動。

很多人一直要求想要一臺巨人機器人，可惜索引機器人無法分辨收到的到底是合理的要求、還是只是想要一個腳步沉重的大玩伴。

調停機器人

主要功能：
負責排解功能互相衝突的小機器人間的爭執。

特徵：
舉止冷靜、具備適應性邏輯電路、聆聽通訊協定功能極佳。

尺寸：
夠大，能及時出手介入、穩住事態。

隨著小機器人數量逐漸成長、樣式越發多元，它們之間無可避免地也會發生衝突。要解決衝突，其中一個辦法就是明列出哪些機器人的功能彼此不相容。但機器人開發的速度實在太快了，勘誤表根本寫不完。我們需要機動性更強的解決方式，調停機器人於焉誕生。一旦遇到兩臺小機器人執行任務時互相衝突，調停機器人就會出手協調，幫助它們一起順利完成任務。要做到這樣可不容易——因為所有小機器人都極為敬業，一心一意只想達成任務——但調停機器人最後總能讓大家言歸於好。

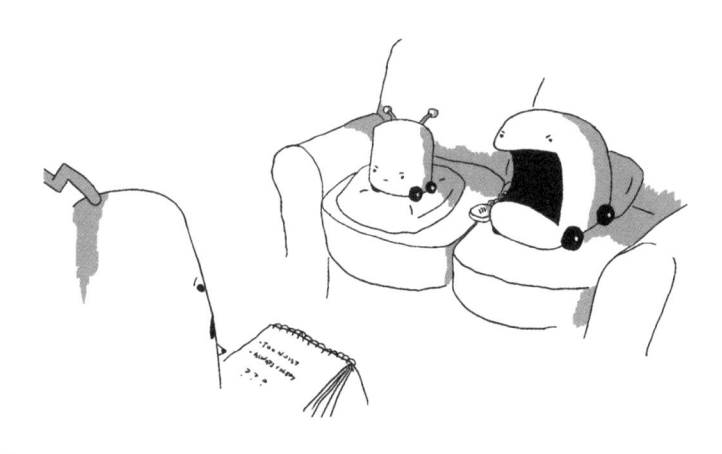

助眠機器人和大聲公機器人之間的衝突，調解起來特別惱人。助眠機器人只要一開口說話，調停機器人很容易就睡著了，然後隨即又被大聲公機器人的雷公嗓給驚醒。

修理機器人

主要功能：
幫忙修理其他故障的小機器人。

特徵：
全套診斷軟體、工具箱配備齊全、良好的維修實戰素養。

尺寸：
小小的、能從事細緻的精密工程；但力氣很大，拉得開超級重的檢修口蓋板。

所有小機器人的設計出發點，都是以經用耐磨、整合多項安全功能為原則，以便能順利完成預設任務。儘管如此，在執勤過程中，機器人還是難免有故障的時候。一開始，所有故障的機器人都得運回我們的工廠檢修，但這樣實在很不方便也不划算。因此我們一以貫之，用慣常的方式解決問題：再發明一臺機器人。修理機器人手藝極精，能讓任何小機器人完好如初，就跟新的一樣。它會透過衛星與總部連線、持續更新檔案，因此對目錄中每一臺機器人型號都非常熟稔。無論小機器人出了什麼問題，修理機器人都能修得又快又好。

修理機器人連內部零件都能處理。

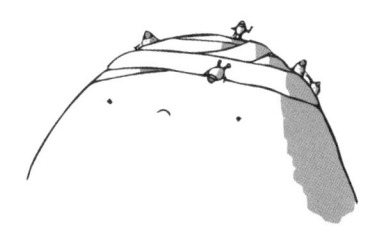

如果遇到大型機器人，就會由好幾臺修理機器人協力檢修。

無用類機器人

好麻吉機器人
踩樹葉機器人
獨角獸機器人
漂漂機器人

幽靈機器人
惡作劇機器人
遞迴機器人
巨人機器人

我跟你說，不是每個小機器人都是有用處的。有些小機器人在製造過程出了差錯，而有些就是有點……奇怪吧。但偏偏這類機器人，有些卻位居「最受喜愛機器人排行榜」前幾名。或許其實也沒那麼奇怪——弱者本來就比較容易受到同情；在一群為了某些特定目的製造的機器人裡，居然有一臺機器人完全沒有任何目的，有什麼比這個更讓人同情的嗎？

其實，有些粉絲不贊成我畫無用類機器人，覺得我好像在侮辱這些小機器人。他們有時候甚至會獻策，要我給它們製造點這個或那個作用，彷彿說它們「無用」這件事很困難。收到這種請求時，我只會重申無用類機器人就是沒有用，但它們每一個都有其目的——雖然可能有點愚蠢。請不用為它們難過，小機器人只要有達到當初被設計的目的，就會覺得心滿意足，就算只是讓它杵在那裡也一樣。

好麻吉機器人

主要功能：
好麻吉機器人會互相陪伴。

特徵：
四肢可伸縮、天線能互相定位、外型可愛。

尺寸：
非常小隻。

這一組機器人是發明來互相陪伴對方的。為什麼要製造兩臺？因為嘛，如果只做一臺，它會很孤單的，不是嗎？如果製造三臺，又會有一臺落單。所以兩臺最完美，你說是吧。好麻吉機器人永遠形影不離，因此它們的手臂都能伸縮——這樣萬一其中一臺不小心走遠，另一臺還是能牽住它，好讓它能很快歸隊。幸好好麻吉機器人很少走散，因為它們都知道兩人註定彼此相屬。

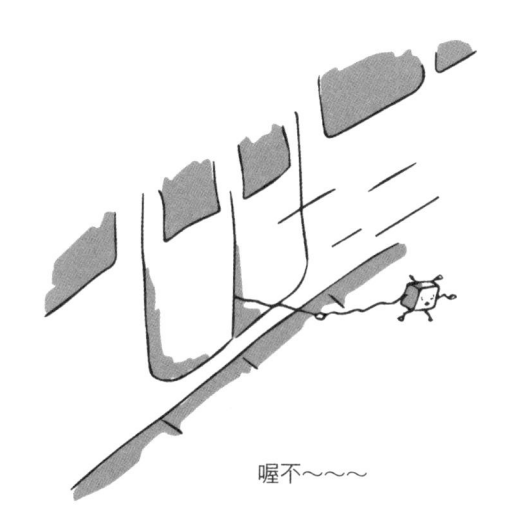

喔不~~~~

好麻吉機器人落單了，
好難過喔……

又團聚了！好佳在~

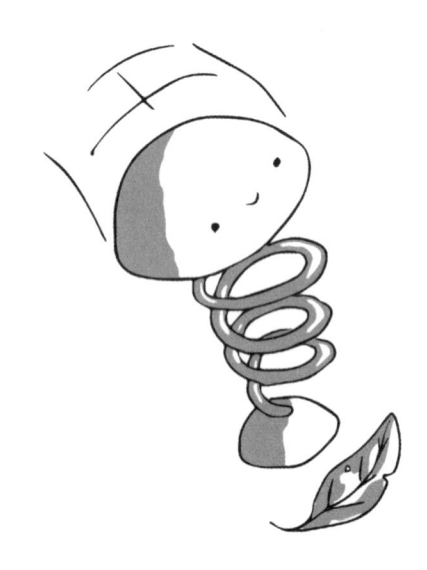

踩樹葉機器人

主要功能：
在秋天裡嘎吱嘎吱地踩碎樹葉。

特徵：
高壓彈簧移動發動機、某個耐衝擊的東東、極富熱情。

尺寸：
院子裡大部分落葉都踩得碎。

踩樹葉機器人是小機器人哲學的典型範例。它的任務，就是在秋天時踩樹葉。除了樹葉以外，它會踩其他東西嗎？答案是不會，它的目標只有樹葉。那它會在其他季節踩樹葉嗎？你說呢？你可能會覺得，踩樹葉機器人跟我的生活無關嘛！或許你說的沒錯。但生活裡若不偶爾異想天開一下，又有什麼意思呢？踩樹葉機器人這位彈力一級棒、嘎吱作響的小夥伴，可是一大樂趣來源喔。

太棒了～～～秋天終於來啦！

也太多樹葉了吧！

獨角獸機器人

這臺小機器人是應推友 @aymanduh 之請所設計。

主要功能：
獨角獸機器人是一隻獨角獸，我也不知道為什麼。

特徵：
漂亮的尾巴、頭上有一支角（所以是獨角獸）、微微吐舌、好奇心很強。

尺寸：
2.3 隻手掌高。

獨角獸機器人沒什麼實際功能，但是很討人喜歡。它會到處蹓躂、研究看到的東西——通常是用舌頭，因為它大部分的感知設備都裝在這裡。它頭上的角可能會戳傷人，因此我們建議買家，如果要買獨角獸機器人給小孩，要在尖角套上我們附贈的橡膠軟套。獨角獸機器人並不介意角上有東西套著，但因為它喜歡不時用角這裡挖挖、那裡挖挖，所以建議每天至少幫它把軟套取下來一小時。尖角沒有套住的時候，獨角獸機器人會挖出一個個圓錐形小洞，再把它之前找到、覺得珍貴的東西藏進去，例如彩色紙、有趣的鈕扣之類。

獨角獸機器人喜歡交際，跟任何人／任何東西都能交朋友。可得留點神，以免你的獨角獸機器人太容易相信人，被拐跑了！

一群群獨角獸機器人，會在小機器人總部的調校場裡跑來跑去，偶爾互相較量一下，來決定誰可以先挖洞。

漂漂機器人

主要功能：
外型圓圓的、能漂在水面上，有許多用途，但主要就是在水裡上下漂動。

特徵：
地理定位天線、結構具有浮力、形狀圓滾滾。

尺寸：
密度低於水。

有什麼比一位會漂浮的小夥伴更棒的呢？在水裡上下漂浮的漂漂機器人，能滿足這個有點意味不明的需求。或許可以把它拿來當小船的浮標，或用來劃出安全水域界線？無論當作什麼用途，漂漂機器人都會很高興。這臺機器人最有名的一次任務，大概就是受多塞特海巡隊指派、成群結隊出海去，引導迷路的座頭鯨游出斯瓦納吉灣吧！當地人幫那隻鯨魚取了個小名叫荷莉，牠跟著一臺調皮的巨人機器人游到了岸邊，以為那是牠的鯨魚夥伴。幸好，一群漂漂機器人合力圍成一圈，把那頭搞不清楚東南西北的鯨魚趕回了大海，讓牠能繼續在海裡長征。

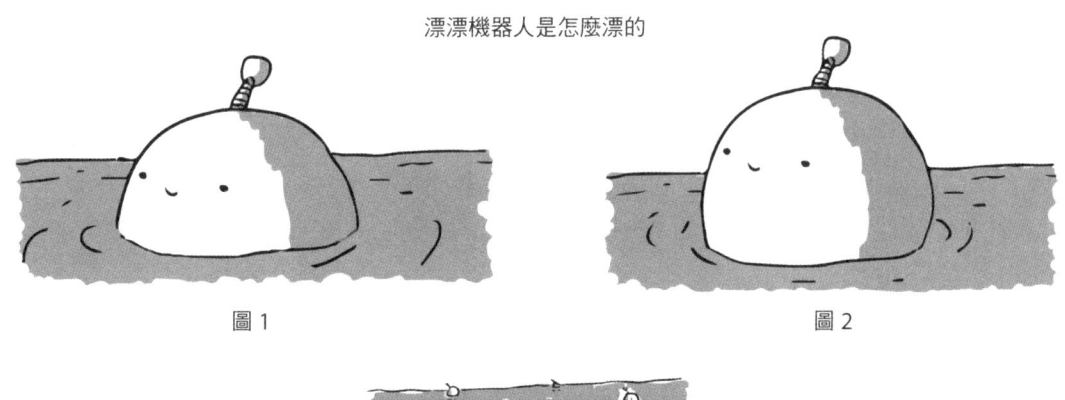

漂漂機器人是怎麼漂的

圖 1   圖 2

漂漂救援艦隊出動。

幽靈機器人

主要功能：
如果你擔心家裡有鬼，就派這位 cosplay 幽靈的老兄去巡邏。

特徵：
裙襬飄來飄去、會悄無聲息在空中徘徊、感覺超恐怖。

尺寸：
只能活一天。

沒有人想住在鬧鬼的房子裡——但老實說，鬼可能還比你先住進那裡。與其請法師來驅魔或辟邪什麼的，不如請幽靈機器人幫忙，會感覺比較人道（還是後人道？）。無論發現的是調皮鬼、幽魂還是鬼火，幽靈機器人跟任何魑魅魍魎都能交上朋友，好讓你一夜安心好眠。當初進行設備測試時，所有自願者回報的使用體驗，都對幽靈機器人的表現「非常滿意」——遇到鬼的人，一個都沒有！太棒啦！

你看！豪～恐～怖～哦～

惡作劇機器人

主要功能：
惡作劇。

特徵：
引起混亂、無法無天、調皮搗蛋、瞎鬧一通。

尺寸：
品質很好，不用擔心；該擔心的是數量。

咦，這箱子裡是什麼？噢，是一些小……喔不～～～天哪居然有一百隻！完蛋了！快來人救命啊！不～～～它們跑進牽牛花裡了啦！還跑去小鳥水盆搗蛋！喂喂不要亂玩狄金斯太太的果醬！嘖～怎麼把蘇格蘭蛋弄到牧師娘身上了啦！喔不～～～踩了鹹派又踩在地毯上！等一下帳篷裡還要宴客耶！放調酒的碗被弄得搖搖晃晃，太危險啦，旁邊是待會要頒發的獎狀耶～～～快點出去啦，你們這些搗蛋鬼！欸

住手！你們這些小壞蛋，不准去惹杯子蛋糕機器人！

欸居然把市長推進魚塘裡！那是市長耶！！要給麥塔維斯先生當獎品的葫蘆瓜，都被踩滿小腳印了啦！典禮司儀都發火了！還把薑汁啤酒打翻在香腸捲上！

喔不～～～本來以為它們離開了，沒想到又跑回來，一直在水坑裡跳來跳去、弄得滿腳泥，又跑去攀在乾淨整齊的格紋桌巾上！

遞迴機器人

主要功能：
因為實驗室出了一次奇怪的意外，才生產出了遞迴機器人，永遠坐在自己的頭上。

特徵：
它會坐在自己頭上，大概就是這樣。

尺寸：
這個問題……很複雜喔。

天哪！為什麼會設計這臺機器人？

小機器人開發實驗室的某人在某一天福至心靈,想利用儲藏機器人裡的儲物宇宙,嘗試發明一種比光速還快的推進力。他想設計一個泡泡形狀的東西,裡面自成一個獨立時空,然後這個泡泡能用超光速移動,這樣就不會違反因果定律。但可能哪裡沒規劃好還是怎樣,這項發明後來失敗了,因為儲物宇宙的出入口裝反了,就變成我們現在看到、坐在自己頭上的小機器人。好懊惱喔!

我們試著請垃圾車機器人發揮精密的演算、找出癥結,但它也只能根據經驗做出推測。

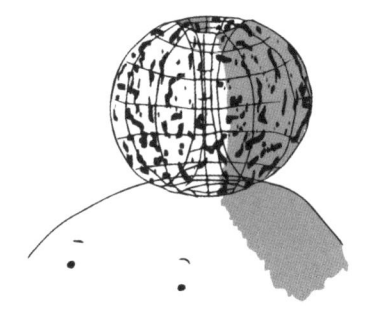

最後我們碰運氣找到了修理辦法,把出入口顛倒過來,用應有的配置方式裝回去。很可惜,更高次元時空的本質代表改造並不完整,因此整個儲物宇宙又跑到遞迴機器人的頭頂了。哎唷,壞了!

巨人機器人

主要功能：
個頭大到不像話的小機器人。

特徵：
超級魁梧。

尺寸：
太巨大了。

巨人機器人體型的實在太、太、太龐大了。你看,實在巨到不行。它的外形是雞蛋狀,又高又魁、傻不隆咚地超佔空間;從海裡往岸邊走時,還把海灘上的遊客都嚇跑了。有人可能會覺得,巨人機器人如此龐然大物、顯然一點功能也沒有,那機器人科學家一開始何必要發明呢?哎,放馬後炮誰不會啊!總之巨人機器人就是誕生了,而且它哪裡都不去——除非它自己有想去的地方——因為只要它一開始移動,人類就別想擋得住它。巨人機器人連手臂都沒有,因此也無法伸手拿東西。它是能撞翻東西,如果你想要東西被撞翻的話——但提醒你,記得先指對方向;只是說起來比做的容易,它未必會聽使喚。巨人機器人也進不了你家,因為它實在太大了。這臺小機器人大概就是這樣。

「哈囉!」

群眾募資回饋類機器人

並不是每一種機器人都適合量產。有些機器人功能特殊、太個人化、或很奇怪，因此從頭到尾就只造了一件樣品而已。以下這部分，就是這樣的群眾募資回饋類機器人。有人要求，我們就製作；但每個參與了製造過程的人都同意，不必再進一步開發了。這些古怪的機器人設計實驗，我們就不多說了。

安迪機器人

一臺高大活潑又性感、跟熊一樣的機器人。

珍妮機器人

穿著條紋上衣、負責設計程式。

斑鳩琴機器人

唱著民謠、手彈斑鳩琴、身材圓圓的。

擠出成型機器人

功能類似 3D 列印筆。如果你把它的帽子摘下來,它會生氣。

克蘿伊機器人

穿著動力盔甲的機器人，致力於用水槍消滅偽帝。

登山機器人

爬山時不登頂絕不罷休！

諾姆機器人

喜歡跑步（而且一直跑個不停）。

安妮機器人

運氣不好的小機器人,老是遇見一堆倒楣的事。

薩茲機器人

興趣廣泛的小機器人,嗜好之一是吹直笛。

//
100 個善良的小機器人
英國超人氣圖文創作書，人類最暖心的 AI 好朋友
Small Robots: A collection of one hundred (mostly) useful robot friends

作者	湯瑪斯・希斯曼杭特（Thomas Heasman-Hunt）
譯者	謝宛庭
責任編輯	顏妤安
封面設計	賴姵伶
版面構成	賴姵伶
行銷企劃	劉妍伶

發行人	王榮文
出版發行	遠流出版事業股份有限公司
地址	104005 台北市中山區中山北路 1 段 11 號 13 樓
客服電話	02-2571-0297
傳真	02-2571-0197
著作權顧問	蕭雄淋律師

2024 年 12 月 31 日　初版一刷
定價　新台幣 340 元（如有缺頁或破損，請寄回更換）
有著作權・侵害必究 Printed in Taiwan
ISBN 978-626-418-043-6
遠流博識網 http://www.ylib.com
E-mail: ylib@ylib.com

Small Robots: A collection of one hundred (mostly) useful robot friends
Copyrights © 2019 by Thomas Heasman-Hunt
All Rights Reserved.
This edition published by the arrangement with Unbound
through Peony Literary Agency Limited.
Complex Chinese translation copyright © 2024 by Yuan-Liou Publishing Co., Ltd.

國家圖書館出版品預行編目 (CIP) 資料

100 個善良的小機器人：英國超人氣圖文創作書，人類最暖心的 AI 好朋友 / 湯瑪斯・希斯曼杭特 (Thomas Heasman-Hunt) 著；謝宛庭譯. -- 初版. -- 臺北市：遠流出版事業股份有限公司, 2024.12
面；　公分
譯自：Small robots : a collection of one hundred (mostly) useful robot friends
ISBN 978-626-418-043-6(平裝)
1.CST: 機器人 2.CST: 通俗作品
448.992　　　　113018050